数字经济基石

DIGITAL ECONOMY

易海博——

著

北京时代华文书局

图书在版编目（CIP）数据

数字经济基石 / 易海博著 . -- 北京 : 北京时代华文书局 , 2024. 6. -- ISBN 978-7-5699-5557-6

Ⅰ . TB

中国国家版本馆 CIP 数据核字第 2024HQ5741 号

SHUZI JINGJI JISHI

出 版 人：陈　涛
策划编辑：周　磊
责任编辑：张正萌
责任校对：李一之
封面设计：天行健设计
版式设计：迟　稳
责任印制：刘　银

出版发行：北京时代华文书局 http://www.bjsdsj.com.cn
　　　　　北京市东城区安定门外大街 138 号皇城国际大厦 A 座 8 层
　　　　　邮编：100011　电话：010-64263661　64261528

印　　刷：天津丰富彩艺印刷有限公司
开　　本：710 mm×1000 mm　1/16　　　　成品尺寸：170 mm×240 mm
印　　张：22.25　　　　　　　　　　　　字　　数：294 千字
版　　次：2024 年 6 月第 1 版　　　　　　印　　次：2024 年 6 月第 1 次印刷
定　　价：98.00 元

前　言

在数字化浪潮的推动下，我们站在了一个新时代的门槛上，这个时代被定义为数字经济时代。《数字经济基石》一书正是在这样的背景下应运而生的，它不仅是对技术的探索，更是对未来社会经济形态的深刻洞察。随着21世纪信息技术的飞速发展，我们见证了数字经济的兴起和繁荣。这一新兴经济形态以数据为关键生产要素，以互联网平台为主要载体，正在重塑全球经济格局。《数字经济基石》一书，旨在深入探讨构成数字经济的核心技术——区块链、Web3.0、人工智能（Artificial Intelligence，AI）和元宇宙，分析它们如何相互作用、相互促进，共同构建起数字经济的"宏伟大厦"。

区块链技术以其独特的去中心化、不可篡改性和透明性，为数字世界的信任机制提供了新的解决方案。本书第一篇深入解读了区块链的基本原理、核心技术及其在多个领域的创新应用。从金融科技到供应链管理，从身份验证到版权保护，区块链技术正以其革命性的方式，重新定义着数据的安全性、透明性和共享性。

紧随其后，Web3.0作为互联网的下一个发展阶段，以其去中心化、智能化和安全性强的特点，引领着多领域应用的发展潮流。本书第二篇详细解析了Web3.0的关键特征和前沿技术，探讨了去中心化应用（Decentralized Application，DApp）、去中心化金融（Decentralized Finance，DeFi）等新兴概念如何为用户带来更加开放、自主的网络体验。

　　当我们谈论数字经济时，人工智能是一个绕不开的话题。第三篇专注于AI技术及其在多个领域的应用，从机器学习（Machine Learning，ML）的基础到深度学习的发展，从自然语言处理到智能机器人，AI正在成为推动社会进步的关键力量。书中不仅讨论了AI技术的前沿进展，也对其在工业、医疗、教育等领域的深远影响进行了深入分析。

　　最后，本书将视角拓展到了元宇宙——一个虚拟与现实交织的数字宇宙。在这里，虚拟现实（Virtual Reality，VR）、增强现实（Augmented Reality，AR）和AI技术共同创造了一个全新的体验空间。第四篇深入探讨了元宇宙的概念、技术基础及其在产业应用中的无限可能，展望了元宇宙如何成为未来社会经济活动的新平台。

　　《数字经济基石》从技术原理出发，有机融入对数字经济未来的思考。它不仅关注技术本身的发展，更关注技术如何影响经济结构、社会治理乃至每个人的日常生活。书中对技术的挑战、问题以及未来趋势的深入探讨，为读者提供了一个全面了解数字经济的视角。在这个充满变革的时代，我们有幸见证并参与数字经济的发展。《数字经济基石》一书将作为一盏明灯，照亮我们探索数字世界的道路，引导我们思考如何在这个新时代中找到自己的位置，共同构建一个更加开放、公平、高效的数字社会。让我们一起翻开这本书，开启一段探索数字经济奥秘的旅程。

目 录

第三篇

智慧的未来 ——人工智能

第一篇

解密数字未来 ——区块链

在数字化浪潮中，一种名为区块链的技术吸引了全球关注。它不仅被认为是加密货币的基础技术，更被视为数字未来的核心技术之一。本篇将深入探讨区块链技术的起源、原理、发展历程以及它与传统数据库的区别等，从而揭示它为何在数字世界中起到革命性作用。

2023年12月28日，工信部、中央网信办、国标委联合发布《区块链和分布式记账技术标准体系建设指南》。该指南明确了区块链技术标准体系的结构，提出了制定30项以上相关标准的目标，有助于提升区块链的安全防护能力，推动区块链技术的规范化和标准化发展。

第一章

探索数字未来的奇妙密码
——区块链

　　区块链是数字化时代的核心技术，它以一种独特且具有颠覆性的方式重塑了我们理解和使用数据的方法。在本质上，区块链是一种分布式数据库或账本，它以去中心化的形式存储数据，以保证数据透明、安全、不可篡改。但是，要完全理解区块链及其核心技术，我们需要深入探讨它的起源、发展、工作原理以及它为什么成为数字未来的关键。

1.1　被称为数字未来奇妙密码的区块链到底是什么？

区块链技术常被赞誉为数字未来的奇妙密码，它实际上是一种分布式账本技术（Distributed Ledger Technology，DLT）。通过使用加密技术来保证交易的安全性、透明性和不可篡改性。每一笔交易都会被记录在一个"区块"中，而这些区块按照时间顺序连接起来，形成了一个链条，这就是"区块链"。

1.1.1　区块链的基本概念

区块链的概念最早由斯图尔特·哈伯（Stuart Haber）和斯科特·斯托内塔（Scott Stornetta）于1991年提出，这个新技术旨在通过加密技术创建一个不可篡改的时间戳来保护文档的完整性，其整体架构由图1-1所示的六层结构组成。

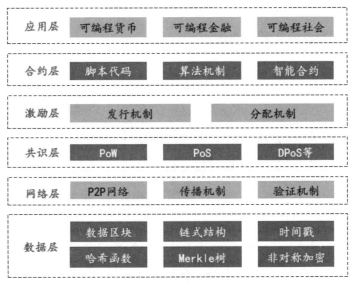

图1-1 区块链分层架构图

1.1.2 区块链的核心组成部分

区块链以典型的块-链结构存储数据，其核心组成部分有三个，分别为区块、链和节点，如图1-2所示。

区块是区块链的基本构建单元，每个区块包含一批交易记录，如图1-3所示。除了交易数据外，每个区块还包含了两个重要的加密元素：一个是该区块的哈希值，另一个是前一个区块的哈希值。哈希值是一个通过哈希函数从区块内容生成的固定长度的字符串，可以用

图1-2 区块链的核心组成部分

5

于验证数据的完整性。每个新区块的产生都需要通过网络中节点的共识机制验证,确保所包含的交易是有效的。

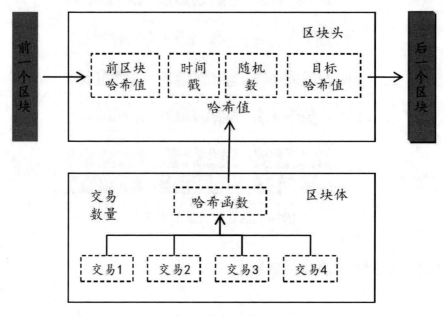

图1-3 区块的构成

在区块链中,区块以线性、时序的方式被连接起来,形成一条"链"。每个区块通过前一个区块的哈希值与之连接,这种结构确保了从任一区块到原始区块(创世区块)的完整性和连续性。如果试图更改链中的任何一个区块,都会导致该区块及之后所有区块的哈希值发生变化,从而被网络检测到并拒绝。

节点是区块链网络中的参与者,它们是连接到网络的计算机。每个节点都保存有区块链的副本,并参与区块链的维护过程,包括数据验证、区块生成和数据同步等。节点通过共识机制来达成交易的一致性，保障网络的安全和数据的准确性。

在经典的区块链系统中，各参与方依据先前约定的规则共同维护数据并达成一致。为确保数据不被篡改，系统以区块为单位存储信息，这些区块按照时间顺序串联起来，形成链式数据结构，并借助密码学算法保证数据的安全性。系统通过一致性机制选举出记录节点，由其负责确定最新区块的内容，其他节点则协同验证、存储和维护最新区块的数据。一旦数据被确认，便难以篡改或删除，只能进行授权查询。

根据系统是否设有节点准入机制，区块链可分为许可链和非许可链。在许可链中，节点的加入和退出需获得系统许可，而根据控制权限的中心化程度可将其进一步分为联盟链和私有链；而非许可链则是完全开放的，也被称为公有链，其中的节点可以随时自由加入或退出。

1.1.3 区块链的运作方式

区块链的运作方式基于一种分布式数据库或账本技术，旨在确保交易记录安全、透明且不可篡改，其主要有以下四个步骤：交易发起与验证、区块形成、共识机制和区块链更新，其具体的运作方式如表1-1所示。

表1-1 区块链的运作方式

交易发起与验证	当一方向另一方发送交易请求（如加密货币转账、合约执行等）时，该请求被发送到网络中的节点。网络中的节点验证交易的有效性，例如验证数字签名和账户余额
区块形成	一旦交易请求被验证通过，交易数据会被汇总成一个区块。通过特定的共识机制，网络中的某个节点会完成区块的生成，将其加入到区块链中
共识机制	为了将新的区块添加到区块链上，网络中的节点必须就该区块的有效性达成共识。这个过程确保了区块链的去中心化和安全性，任何试图更改已有数据的行为都会被网络识别和阻止
区块链更新	一旦区块被添加到链上，网络中的每个节点都会更新其区块链的副本，保持网络的同步性和数据的一致性

通过以上的运作方式，区块链能够在没有中心化权威的情况下，安全地记录交易，使其成为如加密货币、智能合约和各种去中心化应用的理想技术。

1.1.4　区块链的核心特性

区块链作为一种新兴的分布式账本技术，具有几个核心特性，包括去中心化、不可篡改性、透明性和安全性等。

1.去中心化

区块链最重要的特征之一是去中心化。与传统的中心化系统不同，区块链网络中没有单一的管理机构控制着所有的数据和交易。数据分布在网络的各个节点上，并且由节点共同维护和管理。这种去中心化的特点意味着单独的节点成为攻击的目标或者出现故障，也不影响系统的稳定性和安全性。

2.不可篡改性

区块链中的数据是以区块的形式存储的，并且每个区块都包含了前一个区块的哈希值。这种链式结构使得数据一旦被写入区块链，就几乎无法被篡改或删除。因为任何对数据的篡改都会导致与之相关的哈希值发生变化，从而破坏链式结构，这一特性保证了数据的安全性和完整性。

3.透明性

区块链的交易和数据记录是公开可见的，任何人都可以查看区块链上的数据。这种透明性有助于建立信任和增加可验证性，使得区块链技术在金融、供应链、投票等领域得到广泛应用。

4.安全性

区块链利用密码学技术确保数据的安全性。每笔交易都经过加密和数字签名，确保交易的合法性和不可篡改性。而共识机制和分布式存储保护了区块链网络免受攻击，并且可以避免数据被篡改的风险。

1.1.5　区块链的发展历程

区块链的发展历程可以追溯到比特币的诞生，然而，它的演变并非一蹴而就，而是一个逐步完善的过程。

2008年，一个神秘人物以中本聪的笔名发布了《比特币白皮书》，这份白皮书提出了一种去中心化的数字货币系统，被称为比特币。

2009年，比特币网络启动，创世区块（Genesis Block）被挖出，从此，区块链技术正式进入历史舞台。

在比特币之后，人们开始意识到区块链技术的潜力不仅仅局限于数字货币领域。

2013年，以太坊（Ethereum）的概念被提出，以实现智能合约和DApp为目标。以太坊的区块链技术不仅支持数字货币交易，还能执行程序代码，从而赋予区块链更广泛的应用场景。

2015年，以太坊主网正式上线，引领了区块链技术的新浪潮。

随着时间的推移，区块链技术不断地发展和完善。2017年，ICO（Initial Coin Offering，首次代币发行）风靡一时，成为区块链项目融资的主要方式。同年，公有链（Public Blockchain）和许可链（Permissioned Blockchain）的概念逐渐明晰，如表1-2所示。其中公有链如比特币、以太坊等，是完全开放的，任何人都可以参与；而许可链则更适用于企业级应用，节点需要获得授权才能参与。

表1-2 2017年主要区块链技术发展对比

	ICO	公有链	许可链
定义	首次代币发行，区块链项目通过发行代币进行融资	完全开放的区块链，任何人都可以参与	需要获得授权才能参与的区块链，适用于企业级应用
优点	快速融资，低门槛进入市场	高度去中心化，开放性和透明度高	提高安全性和隐私性，控制参与者，适合特定业务需求
缺点	项目质量参差不齐，存在投机泡沫风险	缺乏监管，可能存在安全隐患	灵活性较低，去中心化程度较低
监管态度	监管机构开始关注并规范	逐渐受到监管关注	相对容易接受监管，因为参与节点是已授权的
典型应用	起步阶段的区块链项目融资	比特币、以太坊等公有区块链项目	金融服务、供应链管理等企业级应用

随着区块链技术的成熟和普及，各种新的应用场景也逐渐涌现，在我国，区块链目前的应用领域大致如图1-4所示。

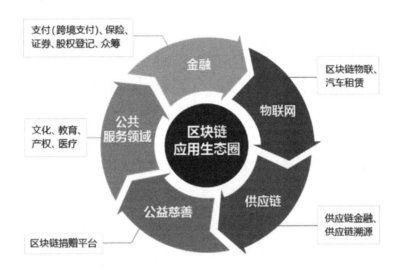

图1-4 区块链在我国的应用领域

区块链技术在多个领域内的广泛应用，意味着其不仅仅是加密货币的基础技术，更是一种具有革命性的技术。随着技术的不断成熟和应用案例的增多，我们可以期待区块链在未来继续扩大其影响力，重塑更多行业和社会结构。

1.2　区块链的前世今生

区块链技术作为一种创新的分布式账本技术，它的前世和今生都颇具传奇色彩。它从诞生之初就引起了广泛关注，起初的区块链技术是被设计为为比特币服务的底层技术，用于解决去中心化数字货币的双重支付问题。然而，随着时间的推移，目前区块链技术远远超出了最初的应用范围，成为支持各种去中心化应用和智能合约系统的基础架构，并且涉及金融、供应链、医疗健康、公共事务等多个领域的应用。

1.2.1　区块链的前世：从密码朋克到比特币

区块链的根源可以追溯到20世纪90年代的密码朋克（Cypherpunks）运动，当时的互联网还处于孩提时代，一群程序员、加密学家和技术理想主义者开始意识到，数字时代的来临可能会对个人隐私造成前所未有的破坏，他们开始探索如何使用密码学来保护通信数据，以使它们免遭受未经授权的监视。

"密码朋克"不仅仅是哲学家，也是实践者。他们开发了一系列工具和协议来加密个人通信数据，确保网络交易的匿名性和数据的安全性，表1-3表明了密码朋克运动的核心理念与实践案例，其中最著名的例子是优良保密协议（Pretty Good Privacy，PGP），这是一种加密程序，用于保护电子邮件通信的隐私。此外，他们还探索了数字货币的概念，旨在创建一种去中心化的支付系统，不受任何中央权力机构的控制。尽管早期的尝试未能普及，但它们为后来的加密货币，尤其是比特币的出现铺平了道路。

表1-3 密码朋克运动的核心理念与实践案例

理念	描述	实践案例
隐私保护	通过加密技术保护通信隐私	PGP加密邮件
去中心化	避免中央集权，推广点对点网络	比特流（BitTorrent）文件分享
自由与匿名性	支持匿名交易和沟通，保护个体自由	洋葱路由（The Onion Router，Tor）匿名网络

从密码朋克运动到比特币，这一过程不仅是技术的演进，更是一场关于信任、隐私和自由的思想革命。区块链技术的前世展现了人类在探索数字时代如何保护自身权利的不懈追求。它为区块链技术的发展开辟了新的道路，激发了更多创新和应用，开启了一个全新的数字经济时代。

1.2.2　区块链的今生：区块链技术的逐步演进

自比特币诞生以来，区块链不仅实现了技术层面的突破，更推动了社会结构和经济体系的深层次变革。

1.初期阶段（2008—2013年）：加密货币的诞生

比特币的出现不仅引入了区块链这一概念，也为去中心化金融提供了全新的模式。在这一时期，其他的加密货币如莱特币（Litecoin）和以太坊相继诞生，进一步拓宽了区块链技术的应用范围。

2.发展阶段（2014—2016年）：技术多元化和应用探索

区块链技术从纯粹的加密货币应用向其他领域扩展。IBM、微软等大型技术公司开始研究和开发区块链解决方案。此外，联盟链和私有链的提出，标志着区块链技术开始向企业级应用迈进。

3.成熟阶段（2017年至今）：行业应用和标准化

区块链技术在金融、供应链管理、健康医疗等多个行业找到了实际的应用场景。随着技术的成熟和社会认可度提高，各国政府和国际组织开始考虑如何制定区块链技术和加密货币的监管框架。此外，技术标准化工作也在积极进行中，为区块链技术的进一步发展和广泛应用打下了基础。

区块链技术的逐步演进不仅是技术发展的历程，也是其对现代社会的构成和运作方式影响力逐渐扩大的证明。

1.3 揭秘区块链魔法：
数字时代的信任密码的基本原理

在数字时代，构建和维护信任机制变得异常复杂。传统信任机制通常依赖于中介机构（如政府、银行及其他第三方），这些机构通过监管和控制信息流动来维系信任机制。然而，区块链技术的出现为数字时代的信任体系构建引入了一种全新的模式，重塑了我们在去中心化的环境中建立和维护信任机制的方式。

1.3.1 信任密码的基本原理

信任密码这一概念基于几个核心原则和技术，以下是构成信任密码基本原理的关键要素。

1.去中心化

去中心化是信任密码的基石，它意味着去除单一的控制中心或权威机构。在去中心化的网络中，数据和资源是分布式存储的，每个参与节点均拥有完整的数据副本，从而消除了单点故障的风险，并增加了网络的抗审查性和透明性。

2.共识机制

共识机制是区块链网络中所有节点达成一致的过程，确保了网络中的每一笔交易和数据块都得到验证和确认。这一机制保证了网络的完整性和安全性，使得系统中的所有参与者即使不互相信任，也能达成对交易和数据的一致认可。

3.加密技术

加密技术为区块链上的交易和数据提供了安全保护。使用公钥和私钥结合的加密方法能够确保交易的安全性和用户的匿名性。公钥用于加密信息，私钥则用于解密，这样即使数据在传输过程中被拦截，没有相应的私钥也无法解读信息内容。

4.不可篡改性

区块链的数据结构确保了一旦数据（如交易记录）被添加到链上，就无法被更改或删除。每个新的区块都包含前一个区块的哈希值，形成一个连续的链条。这种结构使得任何企图更改链中信息的行为都需要重新计算所有后续区块的哈希值，这在计算上是不可行的，从而确保了数据的不可篡改性。

5.透明性与隐私保护

区块链技术通过其开放的账本结构提供了前所未有的透明性，任何人都可以查看交易记录和账本状态，但同时用户的真实身份通过加密手段得到保护，确保了隐私。

6.智能合约

智能合约是自动执行合同条款的程序，它们存储在区块链上，一旦预定的条件被满足，合约就会自动执行，从而消除了对中间人的需要，降低了交易成本，同时也提高了执行合同的效率和可靠性。基于区块链的智能合约模型如图1-5所示。

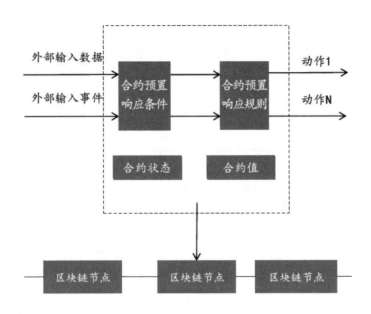

图1-5 基于区块链的智能合约模型

信任密码通过去中心化、共识机制、加密技术、不可篡改性、透明性与隐私保护和智能合约六大原则，成功实现了在没有中心权威的环境中构建和维护信任机制的目标。这种模式不仅提高了交易和数据处理的安全性、透明性和效率，而且为构建一个更加开放和公平的数字社会奠定了基础。

1.3.2 信任密码的典型应用场景

去中心化金融（DeFi）是信任密码在金融领域最直接的应用之一。DeFi利用区块链技术创建一个没有中央金融机构（如银行、保险公司）的金融系统。用户可以直接进行贷款、借款、交易、投资等金融操作，无须经过传统的金融机构。在金融服务中传统系统与区块链系统的对比如表1-4所示。

表1-4 金融服务中的传统系统与区块链系统对比

	传统系统	区块链系统
贷款	需要通过银行或其他金融机构，流程烦琐，审批时间长	直接借贷，流程简化，效率提高
交易	通过中央交易所，存在中介费用	个人对个人（P2P）交易，去除中介，减少费用
身份验证	依赖第三方机构验证身份，数据孤岛问题严重	用户控制自己的身份信息，一次认证，多处使用

区块链技术在供应链管理中提供了透明性和可追溯性。每个商品从生产到消费的每一个步骤都被记录在区块链上，消费者可以轻松追踪产品的来源，而企业则可以有效地监控供应链的每个环节，减少欺诈和假冒产品。传统供应链管理和区块链供应链管理的对比如表1-5所示。

表1-5 传统供应链管理和区块链供应链管理对比

	传统供应链管理	区块链供应链管理
透明度	受限，难以追踪全过程	高度透明，每个环节都被记录且易于追踪
效率	由于信息孤岛问题，协同工作效率低	信息共享，提高整体供应链的效率
安全性	容易受到数据篡改和信息泄露的威胁	数据加密存储，不可篡改，安全性高
成本	管理成本高，因为需要多方验证和审核	成本降低，因为减少了中介并提高了效率

在身份验证和数据管理方面，区块链技术也提供了一种安全、不可篡改的存储个人数据的方式。每个人都可以控制谁可以访问他的数据，同时确保数据的真实性和完整性。

1.4 区块链对决传统数据库
——数字世界的革新之战

在数字化时代的浪潮中，数据的管理和存储一直是各个行业领域的核心挑战之一。传统数据库技术长期以来都是处理和管理数据的主要工具，但随着区块链技术的崛起，这场数字世界的革新之战正逐渐展开。本小节将探讨区块链与传统数据库之间的对决，以及区块链技术如何推动数字世界革新。

1.4.1 传统数据库概述

传统数据库是一种集中式数据存储系统，旨在存储、管理和检索结构化数据。这些数据库依靠预定义的架构来组织数据，如表格、行和列，使数据可以以高效、一致的方式被存取。传统数据库通常由数据库管理系统（Database Management System，DBMS）管理，DBMS允许用户和应用程序创建（Create）、读取（Read）、更新（Update）和删除（Delete）数据库中的数据，这一过程通常被称为CRUD操作。

传统数据库架构通常包括的三个主要组件为数据库应用程序、数据库管理系统和数据库。

数据库应用程序：用户通过应用程序与数据库交互，应用程序通过DBMS执行操作。

数据库管理系统：软件服务层，处理来自应用程序的请求，执行数据库操作，并确保数据的完整性和安全性。

数据库：存储实际数据的物理位置。数据以表格形式组织，表格由行（记录）和列（字段）组成。

传统数据库作为信息技术领域的基石之一，它提供了结构化的数据存储、强大的查询能力和事务处理等功能，支持了多年来企业和组织的信息系统。传统数据库技术在数字化时代的大数据环境下，面临着诸多挑战和局限性，它自身的一些特性限制了其在应对新型数据管理需求和应用场景中的效率和灵活性，以下是传统数据库所面临的主要挑战和局限性。

1.中心化管理

传统数据库通常由中心化的管理者或机构负责管理和维护，这意味着所有数据都集中存储在一个地方，容易成为攻击目标。一旦数据库出现故障或被入侵，整个系统将面临崩溃的风险。此外，中心化管理也存在单点故障的问题，一旦中心化服务器发生故障，将导致系统无法正常运行。

2.数据安全性问题

由于传统数据库中的数据存储在集中式的服务器上，因此容易受到黑客攻击、数据泄露或被篡改的威胁。一旦数据库被入侵，用户的敏感信息可能会被窃取或滥用，造成严重的安全风险。此外，数据备份和恢复也是一个挑战，如果没有及时有效的备份措施，一旦数据丢失，将难以恢复。

3.数据透明性和可信度

传统数据库中的数据修改和删除通常由管理员或特定权限的用户执行，缺乏透明性和可追溯性。这意味着用户往往无法确保数据的真实性和完整性，难以确定数据是否被篡改或删除。此外，由于数据库的集中化管理，一旦出现数据被篡改或删除的情况，会导致数据库内所有数据的可信度受到质疑。

4.扩展性和性能

随着数据量的不断增加，传统数据库可能会面临扩展性和性能方面的挑战。传统数据库通常采用垂直扩展的方式，即通过提高服务器的处理能力来提升性能，但这种方式存在成本高昂和不易扩展的问题。此外，传统数据库在处理大规模数据时可能会出现性能瓶颈，影响系统的响应速度和效率。

5.数据一致性

传统数据库中的数据一致性是一个重要的挑战。由于数据存储在不同的表或服务器上，可能存在数据同步不及时或数据不一致的情况。这可能导致数据错误或冲突，降低了数据的可信度和可靠性。

1.4.2　区块链与传统数据库的对决

在当今的数字化时代，数据的存储、管理和安全性是技术创新的关键领域。传统数据库长期以来一直是数据管理的主流选择，但随着区块链技术的出现，一场关于数据存储和处理方式的革新之战已经拉开帷幕。这两种技术在数据管理和存储领域有着不同的优势和特点，因此它们之间的对决成为数字世界中的一场激烈较量。表1-6描述的就是区块链与传统数据库对决的一些关键方面。

表1-6 区块链与传统数据库对决的关键方面

		区块链	传统数据库
网络结构	特点	去中心化	中心化
	数据存储	跨越多个节点分布存储	存储在单一服务器或服务器集群
安全性		所有节点共同参与解决数据交易的一致性	中心节点保障交易数据一致性
数据存储的可靠性		哈希加密，链式链接	管理员或特定用户
性能		水平拓展	垂直拓展
应用场景		正在不断拓展	传统行业和领域

1.网络结构

区块链是一种去中心化的分布式账本技术，数据存储在网络的每个节点上，并且没有单一的中心化管理机构。在这种结构中，数据不是存储在单一位置或由单一实体控制，而是跨越多个节点分布存储。每个参与节点都保存着数据的一个副本，增强了系统的透明性和安全性。传统数据库则是集中式管理的，数据存储在单一服务器或服务器集群中。这种结构便于对数据的管理和维护，但也存在单点故障的风险，而且数据控制权集中在数据库管理员手中。

2.数据安全性和透明性

区块链通过加密算法和分布式存储技术保障了数据的安全性和透明性，任何对数据的篡改都会被其他节点识别出来。传统数据库的数据安全性则依赖于中心化管理机构的安全防护措施，有受到黑客攻击或内部泄露的风险。因此，区块链在数据的安全性和透明性方面具有明显优势。

3.数据可信度和不可篡改性

区块链中的数据经过哈希加密和链式链接，任何对数据的篡改都会导致整个链产生变化，从而被其他节点识别出来。传统数据库的数据修改和删除通常由管理员或有特定权限的用户执行，缺乏透明性和可追溯性，降低了数据的可信度和完整性。因此，区块链在数据的不可篡改性和可信度方面具有明显优势。

4.性能和扩展性

传统数据库通常采用垂直扩展的方式来提升性能，即通过提高服务器的处理能力来应对数据增长的需求。而区块链则采用水平扩展的方式，即通过增加节点数量来提升性能。尽管传统数据库在处理大规模数据时可能会面临性能瓶颈，但在一些特定场景下，传统数据库的性能和扩展性仍然具有优势。

5.应用场景和创新

区块链技术的应用场景正在不断拓展，传统数据库仍然在许多传统行业和领域中扮演着重要角色，但随着区块链技术的发展和应用，传统数据库的应用场景可能会受到一定程度的挑战和改变。

区块链与传统数据库在数字世界的对决揭示了两种截然不同的数据管理理念和技术路径。区块链技术以其独特的去中心化特性、数据不可篡改和高安全性等特点，在许多场景下展现出了巨大的潜力；而传统数据库则凭借其成熟的技术、高效的数据处理能力和灵活的数据操作能力在许多应用中仍然不可或缺。随着技术的发展，两种技术的融合和创新可能将为数据管理带来新的革命。

第二章

探秘区块链：
引领数字革命的关键特征

随着数字化浪潮的汹涌推进，人类社会的各个方面都在经历着根本性的转变。在这一背景下，探秘区块链不仅意味着解密一项技术，更是在探索一种全新的社会结构、经济模式和治理体系的构建可能。本章我们将一窥区块链如何引领数字革命，塑造未来社会的轮廓。

2.1　区块链如何重新定义数字世界的权力游戏

在数字革命的浪潮中，区块链技术以其独到之处挑战了传统的权力和信任模型。去中心化、透明性、安全性和不可篡改性的共同作用，为数字世界带来了新的权力结构。本节将详细探讨区块链技术如何重新定义数字世界的权力游戏，包括其对经济、政治和社会领域带来的深远影响。

2.1.1　去中心化：权力结构的根本变革

去中心化是指将控制权和决策权从一个集中的实体或管理机构转移到多个独立的节点或参与者手中的过程。在区块链技术中，这将通过创建一个分布式账本来实现，该账本由网络中的每个节点共同维护，而非由单一的中央权威机构进行控制。在传统的中心化模型中，数据、资源和决策权大多集中在少数实体的手中，这不仅增加了系统的脆弱性，也容易导致权力滥用和不公平的现象。相比之下，去中心化强调的是权力的分散，旨在通过分布式技术和共识机制来实现资源和决策的平等分配，表1–7所示为去中心化系统和中心化系统的对比。

表1-7 去中心化系统与中心化系统的对比

	去中心化系统	中心化系统
控制权	分散于网络的所有参与者	集中在单个或少数实体手中
故障点	无单一故障点，提高了系统的韧性和可靠性	单一故障点可能导致整个系统崩溃
透明性	高度透明，所有交易和操作对所有参与者可见	透明度受限，依赖中心机构的信息披露
安全性	基于加密技术和共识机制，难以被篡改	安全性依赖于中心机构的防护措施
创新速度	快速创新，因为任何参与者都可以贡献新的想法和技术	创新速度受中心机构决策速度的限制

区块链技术是去中心化理念的最佳实践。在传统的中心化系统中，所有的数据处理和决策都由中心节点（如服务器、管理机构）完成，这种结构简化了管理流程，但也集中了权力，增加了系统的脆弱性和操作的不透明性。相反，去中心化系统将数据和处理能力分散到网络中的多个节点，每个节点都参与数据验证和决策的过程，任何重要的变更或决策都需要网络中多数或全部节点达成共识。这种结构的优势在于，没有任何一个节点能单独控制整个系统，大大降低了被攻击或操纵的风险。同时，每个参与者都能够了解网络的状态，这增强了系统的公信力。

去中心化最直接的影响是权力的重新分配。在去中心化系统中，每个参与者都有机会参与网络的维护和决策，这不仅降低了对单一权威的依赖，也使得原本集中在少数人手中的权力得到了广泛分配。这种权力的重新分配对个人、企业、社会、经济和政治领域都产生了深远的影响。

（1）对个人的影响：个人用户通过直接参与区块链网络，可以更直接地控制自己的数据和资产。

（2）对企业的影响：企业可以利用区块链去中心化的特性，构建更加高效、透明的业务流程。

（3）对社会的影响：去中心化促进了社会组织的治理方式创新，如去中心化自治组织（Decentralized Autonomous Organization，DAO）的兴起，这些组织利用区块链技术实现了没有中心化管理层的自我治理。

（4）对经济的影响：在经济领域，去中心化打破了传统金融和商业的运作模式，去中心化金融项目允许人们在没有银行或其他金融机构介入的情况下进行借贷、交易等金融活动。

（5）对政治的影响：去中心化有改变政治权力分布的潜力，可以提供更加透明和民主的决策机制。例如，利用区块链技术实现的去中心化投票系统，提高了选举的公正性和透明性。

尽管去中心化带来了权力重新分配的巨大可能性，但在实际应用中也面临着诸多挑战。首先，技术上的挑战是如何确保网络的安全性、如何提高交易的处理速度等，这仍然是区块链技术需要解决的问题。其次，去中心化也对现有的法律和监管框架提出了挑战，如何在不牺牲去中心化特性的前提下进行有效的监管，是政府和监管机构需要考虑的问题。

即便如此，去中心化所带来的机遇也远远大于挑战。它不仅为个人和企业提供了更多的机会，也为社会治理和公共服务提供了新的思路。随着技术不断进步和应用场景不断拓展，去中心化将在重新分配权力的同时，推动社会向更加公平、高效的方向发展。

2.1.2　透明性：建立新的信任基础

透明性在区块链领域中不仅是一项核心技术特性，更是构建新型信任体系的基石。在传统的中心化系统中，信任建立在权威机构背书之上，而在去中心化的区块链技术中，信任则通过透明性实现，即所有交易和操作都是公开可验证的。

在区块链技术中，透明性意味着每笔交易都在网络中被记录，并对所有参与者可见。这种透明性的实现依赖于区块链的去中心化和分布式账本技术，确保了没有单一的控制点可以被操纵或隐藏信息。表1-8所示为区块链系统和中心化系统在透明性方面的对比。

表1-8　区块链系统和中心化系统透明性对比

	区块链系统	中心化系统
数据访问	对所有参与者开放，每个人都可以验证完整的交易历史	通常由中心机构控制，公众访问受限
信息更新	实时更新，所有更改即时反映在分布式账本上	可能存在延迟，依赖中心机构更新和披露
可追溯性	高度可追溯，每笔交易都链接到前一笔交易，形成不可篡改的链条	可追溯性受限，依赖中心机构记录和披露
审计能力	自然支持公开审计，任何人都可以参与验证	审计通常由第三方执行，不完全公开

在传统的商业和社会交往中，信任的建立往往需要时间和资源投入。相反，区块链提供的透明性可以即时地建立信任，因为它允许直接查看和验证

交易和数据，而无须通过第三方。如图1-6所示，在供应链管理中，消费者可以直接追溯产品的来源和制造过程，这增加了消费者对品牌的信任。在慈善领域，捐赠者可以直接看到他们的捐款是如何被使用的，这增强了对慈善组织的信赖。

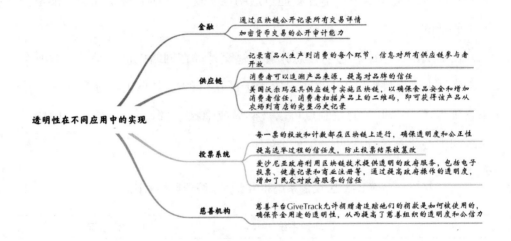

图1-6 透明性在不同应用中的实现

区块链技术的透明性不仅是一种技术进步，更是向社会提供了一种全新的建立信任的方式。

2.1.3 安全性与不可篡改性：保护数字资产

在数字化时代，个人和企业面临着前所未有的数据安全和隐私保护的挑战。随着越来越多的资产和身份信息数字化，如何有效地保护这些数字资产和身份信息成为一个迫切需要解决的问题。区块链技术以其独特的安全性特征，为保护数字身份和资产提供了新的解决方案。

区块链技术的安全性主要源于其加密技术、分布式账本、共识机制和智能合约等核心特性。在数字世界中，个人身份信息经常面临被盗用和滥用的风险。区块链技术通过提供一个去中心化的身份验证系统，使得每个人都能够更加安全地管理和控制自己的身份信息。在这样的系统中，用户可以创建一个数字身份，将其存储在区块链上，并在需要验证身份时提供必要的验证信息，无须透露额外的个人信息。这种方式不仅保护了用户的隐私，也减少了身份被盗用的风险。

2.2　探秘分布式账本在区块链上的魔力

分布式账本技术（DLT）是区块链的核心，使在没有中央权威机构的情况下，网络中的每个参与者都能够访问一个共享的、不可篡改的记录系统。DLT的这一特性不仅为金融交易带来了革命性变革，也为供应链管理、身份验证等领域提供了新的可能性。

2.2.1　账本与分布式账本概述

在传统账本系统中，数据通常存储在中心化的数据库里，由单一的实体控制和管理。这种结构简化了数据的管理流程，但同时也引入了中心化的风险，如数据篡改、单点故障等。

分布式账本是一种创新的技术架构，其核心特性是去中心化。它允许记录、共享和同步跨多个参与者（节点）的数据，不需要中央管理者或中心化的数据存储。每个参与节点都保存账本的一个副本，任何在账本上的更新都需要通过一定的共识机制得到网络中多数节点的验证。

分布式账本与传统账本的系统结构有着诸多的不同点，如表1-9所示，唯一的共同点是两者都旨在记录事务数据，保证数据的一致性和完整性。

表1-9 分布式账本与传统账本的结构对比

	分布式账本	传统账本
结构	去中心化，多节点	中心化，单一数据存储点
安全性	通过加密和共识算法实现	依靠中心机构的安全措施
数据管理	分布式管理，所有参与者都有数据副本	集中管理，控制权在中心机构手中
故障容错性	高，无单点故障	低，单点故障可能导致系统瘫痪

分布式账本系统的工作原理基于分布式网络和加密技术。当一笔交易发起时，它首先被发送到网络中的节点，然后根据特定的共识算法，网络中的节点开始验证交易的有效性。一旦交易被验证，它就会被加入到一个新的数据块中，随后这个数据块通过网络被广播给所有节点。每个节点接收到新的数据块后，会将其添加到自己保存的账本副本中，从而更新整个网络的账本状态。

2.2.2 分布式账本的魔力

分布式账本技术的核心特性直接影响了其在各个领域的应用方式和效能，以下是分布式账本技术的主要核心特性。

1.去中心化

分布式账本最显著的特点是去中心化的结构。与传统的中心化数据库或账本系统不同，分布式账本不依赖于任何中心化的节点来控制、存储和处理数据。数据被分布式地存储在网络中的多个节点上，每个参与节点都持有账本的一个副本。这种去中心化的结构提高了系统的韧性，降低了受到单点故障或攻击的风险。

2.不可篡改性

一旦数据被记录在分布式账本中，就无法被更改或删除。每个数据块都通过加密算法与前一个块链接起来，形成一个连续的链。这种链式结构，加上网络中节点之间的共识机制，确保了数据一旦写入即成为永久记录，从而保证了账本的完整性和不可篡改性。

3.透明性

分布式账本的另一个关键特性是透明性。由于每个节点都持有账本的完整副本，并且所有的交易记录都对网络中的参与者可见，因此每项交易都是透明的。这种高透明度使得所有参与方都能实时访问和验证交易数据，增加了系统的信任度。

4.安全性

分布式账本利用先进的加密技术来保护数据的安全。数据在发送到网络之前被加密，且每项交易都需要发送方的私钥签名，接收方须通过发送方的公钥进行验证。这种加密机制，结合去中心化的网络架构，为防止数据被未授权访问、篡改或伪造提供了强大的保障。

5.共识机制

为了维护账本的一致性和准确性，分布式账本技术依赖于共识机制。共识机制确保了网络中所有节点在账本状态上达成一致，无论是交易验证还是区块添加都需要按照特定的规则来获得网络中多数节点的认可。这不仅确保了交易的有效性，也防止了欺诈和重复支出。

6.自动化（智能合约）

虽然不是所有的分布式账本的解决方案都包括智能合约，但它在许多现代区块链实现方案中扮演着核心角色。智能合约是存储在区块链上的自动执行合约，当预设的条件被满足时，合约会自动执行相关操作。这种自动化的特性极大地提高了效率，降低了交易成本，且去除了中间人。

2.3 数字时代的保卫者：
揭示区块链不可篡改性的秘密

在数字化时代，数据的安全性和完整性是构建信任和保障隐私的基石，一个容易被篡改的东西是没有安全性可言的。接下来我们会深度探讨其不可篡改性的工作原理以及案例与挑战。

2.3.1 区块链不可篡改性的技术基础

在讨论数字时代的数据安全和完整性时，区块链技术的不可篡改性被广泛认为是其最突出的优势之一。区块链技术的核心在于其构建了一个去中心化的数据管理框架，其中每个数据块都通过加密算法紧密链接，形成一条连续的链。这一结构的独特性依赖于以下几个关键技术。

1.哈希函数加密

区块链使用哈希函数加密来保护数据的完整性和确保数据的不可逆性。哈希函数将任意长度的输入转换为固定长度的输出（哈希值）。哈希值的唯一性和敏感性确保了即使有微小的输入变化也会导致完全不同的输出，从而在不泄露原始数据的情况下验证数据的完整性。哈希函数的不可逆性意味着无法从哈希值推导出原始输入数据。此外，哈希函数的碰撞阻力确保了两个不同的输入产生相同哈希输出的可能性极低，这增加了数据的安全性。

2.区块链的链式结构

每个区块都包含了一组交易的数据、该区块的哈希值及前一个区块的哈希值。这种链式结构如表1-10所示，表中哈希值仅为示例，实际值会更加复杂一些。这种结构意味着篡改任何单个区块数据都会导致该区块的哈希值产生变化，进而影响到后续所有区块的哈希链接，使篡改易于被检测到。每个区块还包含一个时间戳，为数据的顺序提供了额外的安全性。

表1-10 区块链接示例

区块编号	当前区块哈希值	前一区块哈希值
1	0000ae3f...（示例哈希值）	00000000...（创始区块）
2	0000bc2a...	0000ae3f...
3	0000beef...	0000bc2a...

3.共识机制

在区块链和其他分布式账本技术中，共识机制是一种算法或协议，通过网络中的所有节点遵循同一套规则来验证和确认交易和区块，从而达到网络的一致状态，表1-11是对常见的共识机制的简要概述。

表1-11 常见的共识机制

共识机制	简述	关键特点
工作量证明 （Proof of Work，PoW）	通过解决复杂的计算问题来验证新区块	耗费大量计算资源，安全性高
权益证明 （Proof of Stake，PoS）	通过持币数量和持币时间来选择区块验证者	能效更高，促进持币量
委托权益证明 （Delegated Proof of Stake，DPoS）	选举特定数量的代表来验证和产生新区块	高效，但较为中心化
拜占庭容错 （Byzantine Fault Tolerance，BFT）	在非信任节点中达成一致性的算法	适合许可链，高吞吐量

根据上表的描述，PoW要求节点完成一项计算工作，以证明一个新区块的合法性。这种机制增加了篡改历史数据的难度，因为需要重新计算篡改区块及其之后所有区块的哈希值。PoS及其他共识机制，如拜占庭容错，通过不同的方式验证交易和区块的合法性，每种机制都增加了网络的安全性，并保护了区块链的不可篡改性。

2.3.2 区块链不可篡改性的案例与挑战

在讨论区块链的不可篡改性时，比特币和以太坊作为两个主要的公链平台，提供了最直观的实证分析案例。

1.比特币的不可篡改性

比特币，作为第一个成功应用区块链技术的加密货币，通过其PoW共识机制和链式区块结构实现了数据的不可篡改性。每个比特币区块包含前一个区块的哈希值，这意味着篡改任何现有区块数据都将导致从该区块到最新区块的所有哈希值产生变化，这种变化会被网络中的其他节点识别，导致篡改失败。

此外，比特币网络的PoW机制要求矿工[1]解决复杂的数学问题以获得区块创建权，这一过程需要耗费巨大的计算资源。因此，任何试图修改现有区块的行为都需要重新进行PoW计算，这在实践中几乎是不可能的，从而确保了比特币区块链的不可篡改性。

2.以太坊的不可篡改性

以太坊，作为一个支持智能合约的区块链平台，不仅继承了比特币的链式数据结构，还通过其自己的PoW机制来保障网络的安全性和数据的不可篡改性。以太坊区块链存储的不仅仅是交易数据，还包括智能合约的代码和状态信息。

以太坊的不可篡改性保证了一旦智能合约被部署到区块链上，其逻辑就无法被更改，除非通过合约自身预设的更新途径。这一特性对于构建去中心化应用和执行自动化合约至关重要，确保了交易和合约的公正性和透明性。

---

① 矿工：指通过计算设备进行复杂的数学计算来验证交易的个体或组织，其中的计算过程被称为"挖矿"。

2.4　探秘智能合约在区块链时代的引领之路

在此之前我们已经看到许多与智能合约相关的内容，那么到底什么是智能合约呢？接下来我们将对其进行研究和学习。

2.4.1　智能合约的基本概念及工作原理

智能合约的概念最早由尼克·萨博（Nick Szabo）在20世纪90年代提出，旨在通过数字化的方式减少交易中的信任成本和执行成本。由于它具备图灵完备性，智能合约可以被看作一台状态机。智能合约可随时进行事务处理和状态保存，并可以即时录入区块链。当某个或者某几个动作满足触发条件，状态机就会按预设信息执行合约，不需要依托第三方机构参与。智能合约的工作原理如图1-7所示。

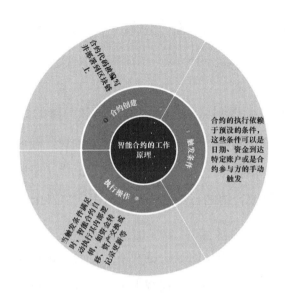

图1-7 智能合约的工作原理

智能合约通过将合约条款编写成代码，并部署在区块链上，且提供了一种自动化和去中心化的合约执行机制。以下将深入探讨智能合约的五大核心特性。

1.自动执行

智能合约最引人注目的特性之一是其自动执行的能力。一旦预定条件被满足，合约中的条款将自动执行，无须任何中介机构或第三方介入。这种自动化执行的方式不仅显著提高了合约执行的效率，也消除了人为错误或故意违约的可能性。

2.透明性

智能合约的另一个重要特性是透明性。所有部署在区块链上的合约和交易记录对所有网络参与者都是可见的。这种透明性确保了合约的每一步执行都可以被验证，增强了合约双方的信任，同时也为合约审计和监督提供了便利。

3.不可篡改性

智能合约一旦被部署到区块链上，其代码和存储的数据就变得不可篡改。这是因为区块链使用加密哈希函数连接每个区块，并通过共识机制确保链上数据的一致性。这种不可篡改性为合约执行提供了坚固的安全保障，任何未经授权的尝试修改合约的行为都将被网络识别和阻止。

4.去中心化

智能合约运行在去中心化的区块链网络上，而不是存储在单一服务器或由单一机构控制。这种去中心化不仅减少了对传统中介机构的依赖，降低了交易成本和时间，也增加了系统的抗攻击能力。

5.可编程性

智能合约的逻辑是通过编程实现的，这意味着几乎任何类型的合约都可以被编程并自动执行。这种可编程性为创建复杂的、定制化的合约提供了可能性，从简单的资金转移到复杂的金融衍生品交易都可以通过智能合约实现。

2.4.2　智能合约引领的变革及展望

作为区块链技术的一项革新，智能合约通过自动执行合约条款的方式，为多个行业带来了翻天覆地的变化，以下是智能合约的主要应用领域。

1.去中心化金融

智能合约在DeFi项目中用于自动化贷款、借款、交易等金融服务，无须传统金融中介。

2.供应链管理

通过智能合约自动追踪和验证供应链中的每个环节，提高供应链的透明性和效率。

3.版权与知识产权

智能合约用于自动执行版权费用支付和管理，保护创作者的利益。

4.身份验证和数据管理

在身份验证和个人数据管理方面，智能合约可以提供安全、不可篡改的解决方案。

以上四个领域都已开始使用智能合约技术，当然并不仅限于以上的领域，还有很多领域都在设计智能合约技术，智能合约技术在区块链时代起着十分重要的作用。表1-12所示为智能合约的两个案例分析。

表1-12 智能合约案例分析

案例	应用领域	描述	关键影响
MakerDAO	去中心化金融	用户通过抵押加密资产生成稳定币DAI，智能合约自动执行合同条款	提供无须中介的金融服务，降低了成本，提高了效率
沃尔玛（Walmart）	供应链管理	利用IBM区块链和智能合约追踪食品供应链，确保食品安全	提高食品供应链追溯的速度和准确性

随着区块链技术的不断成熟，智能合约正逐步成为数字化世界的重要基石，它通过自动化执行合约条款的方式，预示着法律、金融、供应链等多个领域的变革。下面我们从四个方面详细说明智能合约的未来展望及挑战。

1.技术的进步与创新

（1）跨链智能合约。随着多个区块链平台的发展，跨链技术将使不同区块链上的智能合约能够相互通信和互操作，为用户提供更为丰富和灵活的服务。

（2）隐私保护智能合约。当前智能合约的流程和数据往往是公开的，未来将发展更多的隐私保护机制，如零知识证明，以保护交易双方的隐私。

（3）AI驱动的智能合约。集成了人工智能技术的智能合约将能够处理更复杂的决策过程，实现更高级别的自动化服务。

2.应用领域的扩展

（1）去中心化自治组织（DAO）。智能合约将是构建和管理DAO的基础，使组织运作更加透明和自动化，彻底改变组织管理和决策的方式。

（2）个人数据管理。智能合约能够让每个人对自己的数据拥有更大的控制权，实现数据的安全存储、共享和使用，保护个人隐私。

（3）物联网（Internet of Things，IoT）。在IoT领域，智能合约可以自动处理来自传感器的数据，执行相关的操作，如自动支付、物品追踪等，大大提高了效率和安全性。

3.面临的挑战

（1）安全性问题。智能合约的安全漏洞一直是一个关键问题，需要不断的技术创新和创建安全的审计机制来保障。

（2）法律和监管环境。智能合约的法律地位需要更明确界定，同时，监管环境的不确定性也可能影响其广泛应用。

（3）用户接受度。智能合约的复杂性和用户对新技术的接受度也是推广应用的一个挑战。

4.未来的发展趋势

（1）标准化和互操作性。为了实现更广泛的应用，智能合约的开发和执行标准将逐步统一，互操作性也将得到加强。

（2）法律框架完善。随着智能合约应用的增多，相关的法律框架和监管政策将逐步完善，为智能合约提供更清晰的操作指南和法律保护。

（3）教育和培训。提高普通用户和开发者对智能合约技术的理解和应用能力，将是推动其发展的关键。

2.5　加密和安全性在区块链世界的巅峰对决

在区块链技术中，加密和安全性担任着至关重要的角色。它们不仅保障了交易的安全性和数据的隐私性，还确保了整个区块链网络的稳定运行。然而，随着技术的发展和应用的开拓，区块链系统面临的安全挑战也日益增多，加密和安全性成为区块链技术发展中的关键。

2.5.1　区块链加密技术的基石

加密技术在区块链中的角色主要是保障数据的安全性和隐私性，以及确保交易的安全性和完整性。加密技术通过对数据进行编码，使只有持有正确密钥的用户才能访问数据，保障了区块链上数据的安全性和隐私性。数字签名技术使加密技术确保了交易的不可篡改性和非否认性，从而保障了区块链网络中交易的安全性和完整性。

区块链技术使用的关键加密技术有以下三种。

1.非对称加密（公钥加密）

非对称加密使用一对密钥：公钥和私钥。公钥用于加密数据，私钥用于解密。在区块链中，公钥通常作为用户的地址，私钥则用于签署交易，确保交易的安全性。

2.哈希函数加密

哈希函数将任意长度的输入通过哈希算法转换为固定长度的输出。这个过程是单向的，意味着无法从输出推导出原始输入。区块链中的每个区块都包含前一个区块的哈希值，这构建了区块之间的链接，保证了区块链的不可篡改性。

3.数字签名

数字签名技术结合了非对称加密和哈希函数加密的特性，为电子形式的信息或消息提供了身份验证和完整性校验的手段。在区块链交易中，数字签名验证了交易的发起者，并确保交易在传输过程中未被更改。

2.5.2　区块链加密和安全性面临的安全挑战

在上文中我们了解了区块链的安全性，但是万物都没有绝对的安全，尽管区块链技术以其加密机制和去中心化特性为数据安全性和交易透明性设立了新的标准，但它并非完全无懈可击。随着区块链技术的广泛应用，它面临的安全挑战也日益增多，这些挑战不仅源于技术本身的局限，还包括外部威胁和新兴技术的挑战。

1.51%攻击

51%攻击是指如果一个矿工或矿工联盟能够控制超过50%的网络节点，他们就能够单方面控制区块链网络，包括修改交易记录和实施双重支付。虽然这种攻击在大型和分散的网络中难以实现，但在小型或新兴的区块链网络中，攻击者更容易集中足够的计算能力来实施攻击。

2.智能合约漏洞

智能合约的自动执行特性虽然提高了效率，但其代码中的漏洞可能被恶意利用，导致资金损失或其他安全问题。由于智能合约一旦部署就无法更改，这使得任何初始代码中的漏洞都可能成为潜在的安全隐患。

3.端点安全问题

区块链系统的安全性虽然较高，但它仍然依赖于用户端的安全。用户的私钥是访问其资产的唯一凭证，如果私钥被盗或丢失，用户的资产就会面临风险。此外，恶意软件和钓鱼攻击等传统网络安全威胁同样可以用来攻击区块链用户。

4.量子计算的威胁

随着量子计算技术的发展，未来的量子计算机可能能够在极短的时间内破解现有的加密算法，包括区块链使用的非对称加密技术。这一潜在威胁对区块链网络的安全性构成了长期挑战。

5.隐私保护

虽然区块链提供了交易的透明性，但这也可能导致用户隐私的泄露。

面对这些安全挑战，区块链社区正在采取多种措施来增强安全性和应对潜在威胁，包括了下面的几种方式。

（1）增强网络去中心化。通过鼓励更多节点参与网络，增强网络的去中心化程度，降低51%攻击的风险。

（2）智能合约审计和测试。在智能合约部署前进行严格的代码审计和测试，以发现并修复潜在的安全漏洞。

（3）多重签名和硬件钱包。采用多重签名机制和硬件钱包来增强用户端的安全性，保护私钥不被盗用。

（4）开发抗量子加密算法。研究和开发抗量子加密技术，以应对未来量子计算机可能带来的威胁。

（5）隐私增强技术。开发和应用隐私增强技术，如零知识证明，以在不泄露用户隐私的情况下进行交易验证。

2.5.3　区块链加密和安全性的未来发展

前面我们探讨了区块链的加密技术以及它面临的挑战，接下来我们将探讨区块链技术的加密和安全性的未来发展。面对不断变化的网络安全威胁和日益增长的隐私保护需求，区块链技术必须不断创新，以确保其系统的安全性、可靠性和用户的信任度。通过引入抗量子加密技术、高级隐私保护技术、安全多方计算、自适应和智能化的安全机制，以及分布式身份认证和访问控制等新兴技术，区块链的加密和安全性将在未来的数字化世界中发挥更加关键的作用。

1.抗量子加密技术

量子计算的发展预示着未来可能对当前加密技术构成威胁，尤其是对基于非对称加密算法的系统。因此，研究和开发抗量子加密技术将成为未来区块链安全性研究的重点。这包括利用量子密钥分发和基于格的加密算法等，以确保即使在量子计算机成熟后，区块链系统仍能保持其安全性。

2.高级隐私保护技术

隐私保护是区块链技术未来发展的另一个重要方向。随着对个人数据保护意识的增强和相关法律法规的实施，在保持区块链的透明性和不可篡改性的同时，如何保护用户隐私成为一大挑战。零知识证明等高级隐私保护技术的应用将更加广泛，使用户能够在不透露任何具体信息的情况下验证交易的正确性。

3.安全多方计算

随着区块链应用向多方协作和数据共享领域扩展，安全多方计算（Secure Multi-Party Computation，SMC）技术的重要性日益凸显。SMC允许多个参与方在不泄露各自输入信息的前提下，共同完成一项计算任务。未来，SMC技术的集成将使区块链平台能够在保证数据隐私的同时，支持更复杂的协作应用场景。

4.自适应和智能化的安全机制

随着人工智能和机器学习技术的发展，未来的区块链安全机制将更具自适应性和更加智能化。通过实时分析网络活动和交易模式，智能安全系统能够自动识别潜在的安全威胁和异常行为，及时采取防御措施。此外，智能合约的安全性也将通过AI辅助的代码审计和漏洞检测技术得到加强。

5.分布式身份认证和访问控制

随着数字身份和去中心化身份概念的兴起，未来的区块链系统将采用更加先进的分布式身份认证和访问控制机制。这不仅提高了系统的安全性，还为用户提供了更加便捷和可控的身份管理方式。

第三章

解密数字信任的
密码之区块链核心算法

区块链技术的核心在于其独特的加密算法和数据结构的设计，它们共同作用于每一笔交易和每一个数据块，确保了整个系统的不可篡改性和透明性。从哈希算法到共识算法，再到椭圆曲线加密算法，以及默克尔树和智能合约语言的应用，每一环都是保证区块链技术实施的关键。

3.1　哈希算法

哈希算法是区块链技术最基本的加密算法，它通过将数据转换为固定长度的哈希值，为区块链提供了一种高效的数据完整性验证方法。哈希值的唯一性和不可逆性确保了区块链中的每个数据块都是独一无二的，任何微小的数据变化都会导致哈希值的巨大差异，从而使篡改行为易于被发现。

3.1.1　哈希算法的基本概述

哈希算法，也称为散列算法，是一种从任意长度的输入数据创建固定长度输出值的函数。这一输出值通常被称为哈希值或散列值。哈希算法的核心原理是将输入数据（无论其大小或类型）转换成一个具有固定长度的且看似随机的字符串。哈希算法具有以下四大特性。

1.高效性

哈希算法的高效性体现在它能够迅速地对任何长度的输入数据产生一个固定长度的哈希值。无论是短文本、长篇文章还是大型文件，哈希算法都能在极短的时间内完成计算。这一特性对于信息处理系统尤为重要，尤其是在需要处理大量数据的场景中。

2.不可逆性

不可逆性是指从哈希值不能反向推导出原始数据的特性。这意味着哈希函数是单向的，任何人都无法通过哈希值恢复或猜测出原始输入信息。这一特性为哈希算法在密码学和数据安全领域的应用提供了基础，尤其在存储密码、生成数字签名等方面发挥着关键作用。

3.唯一性

哈希算法的唯一性指的是不同的输入数据应产生不同的哈希值。在理想情况下，每一个唯一的输入都将映射到一个唯一的哈希值，即使是微小的输入差异也会导致截然不同的输出。这一特性使得哈希算法在数据校验、信息完整性验证等方面极为有效。

4.碰撞阻力

碰撞阻力是指两个不同的输入产生相同的哈希值（即"哈希碰撞"）的难度极高。碰撞阻力对于维护哈希算法的安全性至关重要，尤其在数字签名和信息认证的场景中。如果碰撞发生，恶意攻击者可能会利用这一点生成具有相同哈希值的伪造消息，这会威胁到系统的安全。

3.1.2　探索哈希算法在区块链技术中的作用

哈希算法的特性使哈希算法成为区块链技术的核心组成部分。哈希算法在区块链中的关键作用体现在以下方面。

1.构建区块链的不可篡改性

区块链的一个核心特性是数据的不可篡改性，每个区块包含一系列交易的哈希值及前一个区块的哈希值。这种链式哈希结构意味着任何区块的数据更改都将导致后续所有区块的哈希值失效，从而保护了区块链数据的完整性和安全性。

2.交易数据的完整性验证

在创建新的区块时，所有待确认的交易会被收集并通过哈希算法生成一个哈希值摘要。这一摘要不仅帮助验证数据的完整性，还能在一定程度上保护交易数据的隐私，因为原始交易数据并未直接存储在区块链上。

3.生成和验证数字签名

数字签名是区块链中实现交易安全性的另一重要应用。通过将交易数据的哈希值与发送者的私钥结合，可以生成一个独特的签名。接收者或验证节点可以使用发送者的公钥来验证签名的有效性，以确保交易未被篡改且真实来自声明的发送者。

哈希算法在区块链的设计和运作中起着至关重要的作用。通过为区块链提供一种安全、高效、不可逆的数据处理机制，哈希算法使区块链成为一种革命性的数字信任和安全框架。随着区块链技术的不断发展，对哈希算法的需求也在不断增长，促使新的哈希算法被开发出来以满足更高的安全标准和更广泛的应用需求。图1-8为哈希算法在区块链中常见的应用及特点。

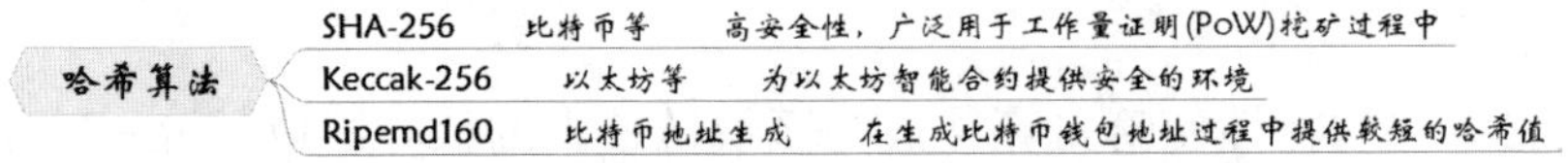

哈希算法			
	SHA-256	比特币等	高安全性，广泛用于工作量证明(PoW)挖矿过程中
	Keccak-256	以太坊等	为以太坊智能合约提供安全的环境
	Ripemd160	比特币地址生成	在生成比特币钱包地址过程中提供较短的哈希值

图1-8 区块链中常见的哈希算法的应用及特点

尽管哈希算法为区块链技术提供了强大的数据安全保障，但随着计算能力的不断提升，特别是量子计算技术的发展，现有的哈希算法可能面临被破解的风险。因此，研究和开发能够抵抗量子计算攻击的新型哈希算法成为未来的一个重要方向。

此外，随着区块链应用的日益广泛，对哈希算法的效率和性能也提出了更高的要求。优化算法以减少计算资源消耗、提高处理速度，同时保持高安全性标准，是区块链技术发展的另一项关键任务。

3.2 共识算法

共识算法是区块链网络中实现节点一致性的机制，它解决了去中心化系统中最为关键的问题：如何在缺乏中央权威的情况下确保网络中各节点数据的一致性。从工作量证明到权益证明，共识算法的不断创新不仅提高了区块链网络的安全性，也增强了网络的可扩展性和效率。

3.2.1 常见的共识算法

去中心化网络的一个核心特性就是没有中央服务器或管理机构来验证和记录交易。在这样的系统中，任何节点都可能向网络提交数据或请求，这就带来了两个主要问题：一是如何确保提交的数据是准确无误的，二是如何处理网络中不同节点间可能存在的数据不一致的问题。共识算法正是为了解决这两个问题而设计的，它确保了网络的完整性和安全性，防止了双重支付和其他形式的欺诈行为。

常见的共识算法有四种：工作量证明、权益证明、委托权益证明、拜占庭容错，下面将详细介绍这四种类型的共识算法。

1.工作量证明

工作量证明共识算法要求参与网络的节点（矿工）通过解决一个复杂的数学难题来证明其投入的计算工作量。这个难题通常涉及对数据进行哈希处理，直到找到一个哈希值满足网络设定的条件（例如，一个以特定数量的零开头的哈希值）。找到满足条件的哈希值需要经过大量的随机尝试，并且难度可根据网络的计算能力自动调整，以确保区块的产生速度保持在一个稳定的水平。

PoW解决了去中心化网络中的双重支付问题，并确保了网络的安全性和数据一致性。尽管PoW为区块链网络提供了强大的安全保障，但它也面临着能源消耗过大和可扩展性有限的劣势。随着区块链网络的扩大、计算难题的难度提升，需要更多的计算资源和电力投入。

2.权益证明

权益证明机制解决了传统的工作量证明机制中的能源消耗问题，通过持币数量和持币时间来确定网络中个体的挖矿权重和创建新区块的能力。PoS的核心思想是持有更多货币的节点更有可能被选择为下一个区块的验证者。

在PoS系统中，没有矿工和传统意义上的挖矿过程。相反，区块链网络的参与者被称为验证者。验证者通过锁定一定数量的代币作为"权益"来参与区块的创建过程。当一个新区块需要被添加到链上时，算法会从所有权益持有者中选择一个验证者来负责验证并添加新区块。如何去选择验证者则通常是由随机选择、持币量、持币时间等因素来共同决定。

PoS的重要性及优点有以下几个方面。

（1）PoS通过消除PoW中的计算竞赛，显著减少了区块链网络运行所需的能源消耗，对环境影响更小。

（2）在PoS机制下，攻击网络以篡改数据将需要持有大量的货币份额。

这意味着，任何试图攻击网络的行为都会对攻击者自身的投资造成损失，从而提高了网络的安全性。

（3）由于PoS不需要高性能计算设备，理论上任何持币者都有机会成为验证者，这有助于网络的去中心化，并鼓励更多用户参与到网络维护中来。

然而PoS面临的挑战也有许多，常见的有下面几个方面：

（1）PoS可能导致"富者更富"，因为拥有更多货币的持币者有更大概率被选为验证者，从而获得更多的区块奖励和交易费用。

（2）PoS系统可能面临所谓的"长距离攻击"，恶意验证者可以从历史某点分叉网络，并尝试创建一条比主链更长的链。

（3）保证足够的验证者活跃参与是PoS网络健康运行的关键，系统必须设计激励机制以确保验证者积极参与。

3.委托权益证明

委托权益证明是一种创新的共识机制，由比特股（BitShares）创始人丹·拉里默（Dan Larimer）提出。它是权益证明机制的一种变体，旨在通过引入"代表"或"见证人"机制来提高网络的效率和可扩展性。DPoS允许持币者通过投票选举出少数代表，这些代表负责验证交易和创建区块。

在DPoS系统中，所有持币者都有权投票选举出一定数量的代表。这些被选举出的代表将拥有生成新区块并验证交易的权力。投票权重通常与持币量成正比，即持有更多代币的用户在选举中拥有更大的影响力。这种机制旨在确保网络的安全性和数据一致性，同时大幅减少所需的计算资源，提高系统的整体性能。

委托权益证明相对来说有着高效率及可扩展性，与PoW相比，DPoS不需要大量的计算资源来维护网络，从而大幅降低了能源消耗。代表的选举和更迭机制可以快速响应网络安全威胁，增强了系统的整体安全性。

当然，委托权益证明代表数量的限制可能导致网络权力过度集中，增加中心化风险。富有的持币者可能通过控制大量投票来操纵代表选举，影响网络的公正性。系统的安全性和效率依赖于持币者的积极参与，低投票率可能会影响代表的代表性和有效性。

4.拜占庭容错

拜占庭容错是一种解决所谓的"拜占庭将军难题"的共识机制，该问题描述了在存在不可靠通信和可能叛变的将军之间如何达成一致决策的难题。在区块链领域，BFT共识算法确保即使在一定比例的节点可能表现恶意或出现故障的情况下，网络仍能达成一致并正常运作。

BFT机制通过一系列投票和验证过程来达成网络共识。每当网络中的节点需要验证新的交易或区块时，它们会进行多轮的消息传递和投票，以确保大多数节点同意该交易或区块的有效性。这一过程需要超过2/3的节点达成一致意见，从而确保即使部分节点遭到篡改或攻击，系统的完整性和正确性也不会受到影响。

BFT能够有效处理节点故障或恶意行为，确保系统的稳定性和安全性。且一旦交易被网络确认，它就被视为最终确定，无须等待更多确认，这对于需要快速交易确认的应用非常重要。BFT机制不仅适用于私有链和联盟链中的信任环境，也可以通过某些设计被应用于公有链。

在网络规模增大时，BFT算法需要处理的消息数量急剧增加，这可能导致网络拥堵和延迟。BFT协议的实现相对复杂，需要精细的设计来确保所有情况都被妥善处理。

表1-13所示的是上述的四种共识算法的优缺点对比及应用案例的详细信

息，从表中我们可以看到每一种共识算法都有其特性，所以还是要结合实际来选择使用哪一种共识算法。

表1-13 共识算法的比较与应用

共识算法	优点	缺点	应用案例
PoW	高安全性，分散化	高能耗，中心化倾向	比特币、以太坊（目前转向PoS）
PoS	低能耗，减少中心化风险	"富者更富"问题，初始分配问题	卡尔达诺（Cardano）、以太坊2.0
DPoS	高效和可扩展，环保	更强的中心化倾向，代表选举风险	原力（EOS）、波场（Tron）
BFT	高效，良好的容错性	可扩展性限制，实现复杂	超级账本（Hyperledger）、拜占庭容错比特币（Bitcoin-NG）

3.2.2 共识算法的挑战与未来方向

随着区块链应用不断扩展和技术快速发展，现有的共识算法面临着众多挑战，同时也呈现出一些未来的发展方向。

1.共识算法面临的挑战

（1）能源消耗。工作量证明算法因其巨大的能源消耗而受到广泛批评。随着比特币等加密货币的流行，整个网络所需的计算能力急剧增加，导致能源消耗达到了惊人的水平。这不仅加剧了环境问题，也提高了网络运行的成本。

（2）可扩展性问题。在区块链网络中，尤其是使用PoW算法的网络，绝大多数都面临着可扩展性的问题。随着交易数量增加，网络拥堵和交易确认时间的延迟成为突出问题。

（3）安全性威胁。尽管共识算法旨在保证区块链网络的安全性，但随着攻击者的技术发展，如51%攻击、长距离攻击等安全威胁不断出现，给区块链安全性带来了许多挑战。

（4）中心化风险。委托权益证明和某些BFT算法的变体因其较高的效率和性能而受到青睐，但这些算法可能导致网络中心化的风险增加。中心化会削弱区块链网络抵抗审查和攻击的能力，与其去中心化的初衷背道而驰。

2.共识算法的未来方向

（1）节能共识算法。为了解决能源消耗问题，开发更加环保的共识算法成为研究的重点。权益证明及其变种［如权威证明（Proof of Authority，PoA）］机制正在被越来越多的项目采用，因为它们在保持网络安全性的同时，大幅降低了能源消耗。

（2）提高网络可扩展性。为了解决可扩展性问题，一些新的共识算法和网络架构正在被开发和测试。分片、有向无环图等技术被视为提高区块链处理能力的可能途径。通过这些技术，网络可以实现更高的交易吞吐量和更快的确认时间。

（3）增强安全性与减少中心化。提高共识算法的安全性，减少对单一节点或小部分节点的依赖，是未来发展的关键方向。这可能涉及算法的改进，如结合PoW和PoS的混合共识机制，或通过引入随机性和匿名性来增加网络的去中心化程度和抵抗攻击的能力。

（4）跨链技术与互操作性。随着多种区块链网络和共识算法的出现，如何在不同的区块链网络之间实现数据和资产的无缝转移成为一个挑战。开发支持跨链操作的共识算法和协议，使不同的区块链能够安全、高效地互联互通，是未来发展的重要方向。

3.3 椭圆曲线加密算法

椭圆曲线加密算法（Elliptic Curve Cryptography，ECC）为区块链提供了一种高效的加密机制，通过较短的密钥长度就能提供与传统RSA加密算法相当的安全性，极大地提高了加密过程的效率。ECC的应用使区块链交易不仅安全而且高效，满足了现代数字交易对安全性和速度的双重要求。

3.3.1 椭圆曲线加密算法的基本概述

椭圆曲线是在有限域上的一组满足下列方程的点的集合：$y^2=x^2+ax+b$，这里a和b是曲线方程的系数，满足$4a^3+27b^2 \neq 0$以确保无奇点（即曲线光滑无断点）。在ECC中，加密和解密过程涉及曲线上的点的加法和标量乘法运算。椭圆曲线上的点的加法定义了一种"群"结构，这种结构的性质是ECC安全性的基础。

ECC的密钥生成涉及选择一个椭圆曲线和一个基点，基点是曲线上的一个公共已知点。私钥是一个随机选取的数，而相应的公钥是私钥与基点的乘积（椭圆曲线上的点乘运算）。ECC的一个关键特点是从公钥计算私钥在计算上是不可行的，这归功于椭圆曲线离散对数问题的难解性。

在ECC中，密钥交换允许双方在公共通道上安全地共享秘密信息。通过对各自的私钥和对方的公钥进行运算，双方可以生成一个共同的秘密，而这个秘密却不能被窃听者计算得出。

ECC不仅用于密钥交换，还被用于数字签名和加密。在数字签名应用中，发送方使用自己的私钥对信息进行签名，接收方则可以用发送方的公钥来验证签名的真实性。

1.ECC的优点

（1）高安全性。相比于RSA等传统公钥加密方法，ECC可以在较短的密钥长度下提供相同甚至更高的安全级别，使其更难以被破解。

（2）高效性。较短的密钥长度意味着在加密和解密过程中需要处理的数据量更小，计算速度更快。

（3）节省资源。较小的密钥对存储空间的要求低，特别适合资源受限的设备。

2.ECC面临的挑战

（1）实现复杂度。与RSA等算法相比，ECC的实现更为复杂，需要高级的数学知识和编程技能。

（2）标准化和兼容性。不同的ECC系统可能采用不同的曲线和参数，这可能导致兼容性问题。

（3）量子计算威胁。虽然目前尚未成为现实，但未来的量子计算机可能会对ECC构成威胁。

3.3.2　椭圆曲线加密算法在区块链中的应用及展望

椭圆曲线加密算法基于椭圆曲线数学，是一种公钥加密技术。它可以用较短的密钥长度提供与传统加密算法相同或更高的安全级别，这使得ECC在资源受限的环境下尤为有用。ECC在区块链技术中主要应用于生成密钥对、数字签名和加密数据。

1.密钥对生成

在区块链系统中，每个参与者都拥有一对公钥和私钥。公钥用于接收加密数据，私钥用于解密数据或签署交易。ECC由于其高效性，在生成密钥对方面特别受到区块链系统的青睐。较短的密钥长度不仅减少了存储和传输所需的资源，而且提高了计算效率，这对于处理大量交易的区块链网络尤为重要。

2.数字签名

数字签名是区块链技术中用于验证交易真实性和完整性的重要机制。ECC的数字签名算法允许用户使用私钥对交易进行签名，任何人都可以使用相应的公钥验证签名的有效性。这种机制确保了交易的非否认性和安全性，相比其他签名算法，提供了相同安全级别下更短的签名长度，从而减少了区块链上的数据负担。

3.加密数据

在区块链网络中，节点之间需要安全地交换数据。ECC可以用于实现密钥交换协议，使两个或多个通信方能够在不安全的通道上建立一个共享的密钥，进而用于加密通信。这对于保护区块链网络中的数据传输免受窃听和篡改至关重要。尽管面临着量子计算的潜在威胁和实现复杂性的挑战，ECC

凭借其出色的性能和高效性，预计将继续在区块链技术的发展中发挥关键作用。未来，随着加密技术的不断进步和创新，ECC及其改进算法有望解决现有挑战，进一步加强区块链系统的安全性和可靠性，我们从下面四个方面来了解ECC未来的发展方向。

第一，抗量子加密算法的研究。为了应对量子计算的挑战，研究人员正在探索新的抗量子加密技术，如基于格的密码学。这些技术有望提供对抗量子计算攻击的安全保障。同时，研究者也在探求将ECC与抗量子技术相结合的方法，以保证ECC的高效性和强安全性。

第二，简化实现和提高可用性。为了降低ECC的实现复杂性和提高其在区块链应用中的可用性，未来的研究将侧重于开发更为友好的ECC工具库和应用程序编程接口，简化密钥管理和操作的过程。此外，通过优化算法和协议设计，可以进一步提高ECC的性能和安全性。

第三，推进标准化工作。加强ECC在区块链领域的标准化工作是未来发展的重要方向之一。通过制定统一的曲线参数、协议规范和安全指南，不仅可以促进ECC技术的广泛应用，还能增强不同区块链系统间的互操作性和兼容性。

第四，跨学科研究和创新。ECC的未来发展需要跨学科的研究和创新。结合数学、计算机科学、量子物理学等领域的最新研究成果，可以为ECC在区块链技术中的应用提供新的思路和方法。例如，利用人工智能技术优化ECC的参数选择和密钥管理过程，提高加密系统的安全性和效率。

3.4　默克尔树

默克尔树是一种允许在区块链网络中高效、安全地验证大量数据的数据结构，通过将数据块中的所有交易哈希，组织成树形结构。默克尔树使单个交易的验证无须下载整个数据块，从而优化了数据验证过程，降低了网络的带宽需求。

3.4.1　默克尔树的基本概念

默克尔树，也称为哈希树，是一种重要的数据结构，广泛应用于区块链、数据验证以及安全通信等领域。它由拉尔夫·默克尔（Ralph Merkle）在1987年提出，旨在通过一种高效且可靠的方式验证大量数据的完整性。默克尔树的核心优势在于能够通过验证单个数据块的哈希值实现数据完整性的快速验证，而无须下载整个数据集。在这种结构中，叶节点包含数据块的哈希值，而非叶节点则包含其子节点哈希值的哈希。默克尔树的构成如图1-9所示。

图1-9 默克尔树的构成

默克尔树的安全性和效率依赖于所使用的哈希算法。默克尔树的构造过程从叶节点开始，每个叶节点对应一个数据块的哈希值。相邻的叶节点哈希值被组合并哈希，生成它们的父节点哈希值。这一过程递归进行，直到生成单个根哈希值为止。这个根哈希值代表了整个数据集的完整性指纹。

默克尔树允许快速验证数据集中单个数据块的完整性，而无须检查整个数据集。为验证特定数据块，需提供一个由根节点到该数据块对应叶节点的路径（称为默克尔路径），通过沿此路径验证哈希值，可以确认数据块未被篡改。

3.4.2　默克尔树在区块链中的应用及展望

默克尔树在区块链中的应用有很多，主要包含三个方面。

1.在交易验证方面

在比特币等区块链系统中，每个区块都包含了一个默克尔树的根哈希值，该值代表了区块内所有交易的整体状态。当节点接收到新区块时，通过比对计算得到的根哈希值与区块中提供的根哈希值，便可以快速验证区块内所有交易的完整性。

2.在轻节点支持方面

区块链网络中的轻节点（或轻客户端）并不存储整个区块链的所有信息，而是仅存储区块头信息。利用默克尔树，轻节点可以请求并验证单个交易的包含性，而无须下载整个区块数据。这大大降低了轻节点的存储和带宽需求。

3.在增强隐私保护方面

默克尔树支持在不透露所有交易详情的情况下验证单个交易，这对于保护用户隐私具有重要意义。例如，零知识证明技术可以结合默克尔树，允许用户证明某一状态而无须公开具体信息。

下面将以两个实际的案例来讲解默克尔树在区块链中的应用。

（1）比特币的默克尔树应用。比特币是默克尔树应用的典型案例。在每个比特币区块中，所有的交易都会被构造成一个默克尔树，其根哈希值随后被存储在区块头中。这不仅保障了交易数据的完整性和安全性，还使轻节点能够通过默克尔证明（Merkle Proof）验证单个交易的有效性，而无须下载完整的区块链数据。

（2）以太坊的状态树。以太坊在区块链网络中使用了默克尔帕特里夏树，一种更为复杂的默克尔树变种，用于存储状态信息、交易和数据。这种结构使以太坊能够高效地验证网络状态的变更，同时支持"轻客户端"进行快速且安全的数据验证。

尽管默克尔树极大地提升了区块链数据的处理效率和安全性，但其在动态更新和数据管理方面仍面临挑战。随着区块链技术的不断发展，对默克尔树的优化和改进已成为研究的热点。未来的工作可能集中在提升默克尔树的可扩展性、简化节点更新机制以及结合先进的加密技术（如同态加密和零知识证明等），进一步增强区块链网络的安全性和隐私保护能力。

3.5 智能合约语言

智能合约语言是区块链应用开发的基础，它使在区块链上部署和执行自动化合约成为可能。智能合约的自动执行机制为去中心化应用提供了无限的可能性，从金融服务到供应链管理，智能合约正推动着区块链技术的广泛应用。

3.5.1 常见的智能合约语言及特点

区块链上的智能合约是一段沙盒环境中的可执行程序，与传统程序不同，智能合约更强调事务，智能合约本身也是一项事务产生的程序。智能合约的输入、输出、状态变化均存在于区块链中，也就是需要在节点间共识算法的基础上完成。然而，智能合约只是一个事务处理和状态记录的模块，这个模块既不能产生智能合约，也不能修改智能合约，只是为了让能够被条件触发执行的函数按照调用者的意志准确执行，在预设条件下，自动强制地执行合同条款，实现"代码即法律"的目标。

智能合约在共识和网络的封装之上，隐藏了区块链网络中各节点的复杂行为，同时提供了区块链应用层的接口，使区块链技术得以广泛应用。智能合约也是区块链的一项重要功能，它标志着区块链不仅是加密货币，而且可以形成基于区块链的服务。智能合约使区块链可以承载可编程的程序、运行去中心化的应用和构建需要信任的合作环境。

下面将详细介绍Solidity语言，它作为以太坊智能合约开发的主要语言，其影响力和应用范围相当广泛。Solidity是一种专为开发智能合约而设计的高级编程语言，主要应用于以太坊区块链平台。自2014年以来，Solidity已经成为最广泛使用的智能合约开发语言之一，它的设计受到了JavaScript、C++、Python和其他语言的影响，旨在提供一种易于上手、功能丰富且安全的智能合约开发工具。我们将从下面三个方面来具体分析Solidity语言。

1.设计哲学与特点

（1）图灵完备性。Solidity是一种图灵完备语言，这意味着它能够表达任何逻辑和算法，为开发者提供了极大的灵活性。

（2）合约导向。Solidity以合约为中心，每个合约可以包含状态变量、函数、事件和错误处理等元素，支持复杂的应用逻辑。

（3）类型安全。Solidity是静态类型语言，支持多种数据类型，包括复杂的用户定义类型，这有助于在编译期捕获错误。

（4）继承与库。Solidity支持多重继承和库的使用，允许开发者构建复杂的应用架构和重用代码。

2.开发环境与工具

Solidity开发者可以利用一系列工具和环境来编写、测试和部署智能合约。

（1）Remix IDE。这是一个基于浏览器的Solidity集成开发环境（IDE），适合快速原型开发和学习。

（2）Truffle Suite。这是一套流行的开发框架和测试框架，提供了合约编译、部署、测试等一系列功能。

（3）Hardhat。这是一个先进的以太坊开发环境，强调灵活性和可插拔性，支持高级测试和调试。

3.应用领域

Solidity语言使开发者能够创建各种类型的去中心化应用，包括但不限于去中心化金融、非同质化代币（Non-Fungible Token，NFT）和去中心化自治组织。

我们将对以下三种智能合约平台及其相关语言进行比较：以太坊的Solidity、原力的EOSIO C++和波场的TVM（Tron Virtual Machine）Solidity。表1-14是这些平台及其智能合约语言的对比结果。

表1-14 智能合约语言的对比

	以太坊（Solidity）	原力（EOSIO C++）	波场（TVM Solidity）
主要编程语言	Solidity	C++（EOSIO Smart Contract）	Solidity（与以太坊兼容）
图灵完备性	是	是	是
执行环境	EVM（以太坊虚拟机）	EOSIO	TVM（波场虚拟机）
主要应用领域	DeFi、NFT、DAO	DApp、DAO	DApp、DeFi
性能	比较低，受限于区块时间和GAS费用	高性能，使用DPoS提高交易吞吐量	高性能，提供高吞吐量
安全性	高，但需注意智能合约漏洞	高，需注意C++语言的复杂性可能导致的安全问题	高，与以太坊Solidity的兼容性提供了与其相似的安全性水平

续表

	以太坊（Solidity）	原力（EOSIO C++）	波场（TVM Solidity）
开发者社区与支持	非常活跃，大量文档和开发工具	活跃，但相对较小，文档和工具数量正在增长	活跃，受益于以太坊社区的支持
可扩展性解决方案	二层解决方案、分片	DPoS共识机制、可互操作的侧链	二层解决方案、TVM优化
智能合约升级和维护	需要预先设计，如通过代理合约	原生支持智能合约升级	需要预先设计，与以太坊类似

每个智能合约平台都有其特点和优势。以太坊的Solidity因其广泛的应用和强大的社区支持成为智能合约开发的事实标准。原力通过其高性能和易于升级的智能合约吸引了开发者，特别适合需要高吞吐量的应用。波场通过兼容以太坊的Solidity语言和高性能的虚拟机，提供了一个对以太坊开发者友好的平台。开发者在选择智能合约平台和语言时，应根据项目的具体需求、预期的性能、安全性需求以及社区支持等因素进行综合考虑。

3.5.2 智能合约语言的应用及挑战

在这里我们将以Solidity为例，来讲解其应用领域及其具体的案例。

1.去中心化金融

DeFi是Solidity最引人注目的应用之一，通过创建无须传统金融中介的金融合约，如借贷、交易和保险等，用户可以直接在区块链上进行各种金融操作。

2.非同质化代币

NFT为数字艺术品和收藏品的所有权提供了一种区块链基础的证明机制。通过Solidity，开发者可以创建代表独特资产的NFT智能合约。

3.去中心化自治组织

DAO是基于智能合约的组织，成员通过代币持有量投票决定组织的方向。Solidity使创建和管理DAO成为可能。

当然，我们也应该意识到智能合约语言也面临着如下的挑战。

1.安全漏洞

由于区块链的不可变性，智能合约一旦部署，其代码便不能更改，这使安全漏洞成为一个严重问题。

2.性能和成本

智能合约的执行需要消耗网络资源，如以太坊的GAS，这可能导致高昂的交易费用和网络拥堵。

3.可扩展性

随着智能合约的广泛应用，如何在保持高安全性的同时提高网络的可扩展性成为一个挑战。

区块链技术的核心算法不仅是其安全性和效率的保障，也是其能够在数字时代中重新定义信任的基础。随着这些算法的不断发展和优化，区块链技术有望在更多领域展现其革命性的潜力，推动社会进入一个更加透明、高效和安全的数字未来。

第四章

探索数字变革中
不可忽视的应用领域

随着数字技术的不断发展，我们正步入一个前所未有的数字新时代。本章将深入探讨区块链在这些不可忽视的应用领域中的作用，揭示其如何塑造数字未来的轮廓，以及这一切对个人、企业乃至整个社会的深远意义。

4.1　加密货币引领金融新潮流

区块链技术最广为人知的应用莫过于加密货币，它颠覆了我们对货币和金融交易的传统认知。加密货币不仅提出了一种去中心化的金融系统概念，还通过其独特的技术机制，为全球用户提供了一个安全、透明、无中介的交易平台。从比特币到以太坊，再到各种稳定币，加密货币已经成为探索数字经济未来的先锋。

4.1.1　加密货币的起源与发展

2008年，全球金融危机揭露了现代金融体系内在的脆弱性。这场危机由多种因素触发，包括房地产泡沫、高风险贷款（次贷）的普及以及金融衍生品市场的过度膨胀。这些因素共同作用，导致了美国房地产市场的崩溃，进而引发了金融市场的连锁反应。美国的银行和金融机构由于高度相互依赖的贷款和衍生品合约，使问题迅速蔓延到全球金融系统。许多大型银行和金融机构面临破产，导致全球经济陷入衰退。

在这种背景下，对于一个更加公平、透明和去中心化的金融系统的需求日益增加。人们开始寻求一种不依赖于传统金融机构和政府的货币系统。加密货币，尤其是比特币，以其独特的去中心化特性应运而生。比特币的创造基于区块链技术，这是一种分布式账本技术，能够在全球范围内安全、透明地记录交易信息，而无须中央权威机构的介入。因此，比特币及随后发展的其他加密货币被视为对传统金融体系的一种反抗，提供了一种去中心化金融交易的新方式。

2009年1月3日，比特币网络正式启动，中本聪挖出了比特币的创世区块（区块0），标志着比特币的正式诞生。创世区块中包含了这样一条信息："The Times 03/Jan/2009 Chancellor on brink of second bailout for banks."（《泰晤士报》2009年1月3日，财政大臣正处于对银行实施第二轮救助的边缘。）这条信息被广泛解读为中本聪对2008年金融危机及其揭示的系统性问题的批评。比特币最初几乎没有价值，直到2010年5月，有人用1万个比特币交换了两个比萨，这被认为是比特币第一次被用于实际交易。此后，比特币逐渐被更多人知晓并参与其中，它的价值开始上升，表1-15为比特币发展的里程碑。

表1-15 比特币发展的里程碑

日期	事件	备注
2008年10月31日	中本聪发布比特币白皮书	描述了比特币的工作原理
2009年1月3日	挖出比特币的创世区块	比特币网络正式启动
2010年5月22日	第一次实际交易，1万比特币换两个比萨	"比特币比萨日"
2013年4月	比特币价格首次超过100美元	比特币开始进入公众视野
2017年12月	比特币价格首次接近20 000美元	加密货币市场进入快速增长期

比特币的成功引发了人们对加密货币概念的广泛兴趣，催生了一系列早期的探索和实验。2011年，基于比特币技术的第二代加密货币莱特币问世，引入了更快的交易确认时间和不同的哈希算法。随后，许多其他加密货币相继出现，例如，NMC币（Namecoin）旨在使用区块链技术解决域名系统的中心化问题，而点点币（Peercoin）则引入了权益证明机制，探索更为节能的区块链共识算法。

随着技术进步和社区发展，加密货币开始呈现多元化的发展趋势。2014年，瑞波公司（Ripple）提出了一种旨在促进银行间即时跨境支付的加密货币方案。同年，以太坊的提案引入了智能合约的概念，通过在区块链上运行代码，大大扩展了加密货币的应用场景。以太坊的出现标志着加密货币进入了一个新的阶段，它不仅仅是作为交换媒介的数字货币，还包括能够执行复杂逻辑和应用的去中心化平台。

加密货币的快速发展同样伴随着诸多挑战。市场的高波动性、安全问题以及监管的不确定性成为加密货币领域的主要问题。多起加密货币交易所被黑事件和投资欺诈案件暴露了行业存在的安全隐患。同时，不同国家和地区对加密货币的监管态度和政策差异较大，为加密货币的广泛应用和接受度带来了挑战。

尽管面临挑战，加密货币领域的创新并未停止。去中心化金融的兴起为金融服务的提供和获取提供了新的机制，允许用户在没有传统金融中介的情况下进行借贷、交易和其他金融活动。非同质化代币的流行则开辟了数字艺术和收藏品的全新市场。此外，随着技术的进步和社会的适应，加密货币正逐渐被更多的商家和服务提供商接受并作为支付手段。

加密货币背后的理念是其被广泛接受和应用的核心驱动力之一。这些理念不仅反映了技术创新的精神，还体现了对现有金融体系和社会治理模式的深刻反思。以下是对加密货币理念的详细介绍。

1.去中心化

去中心化是加密货币的核心理念之一。与传统的金融系统不同，加密货币摒弃了中心化管理机构（如中央银行和金融机构）的控制，转而采用分布式账本技术——区块链。这种结构使每个参与者都可以在没有中心权威的情况下进行交易，大大降低了交易成本，提高了效率，并增加了系统的透明性和安全性。

2.金融民主化

加密货币旨在实现金融民主化，为全球每个人提供平等访问金融服务的机会。传统的金融体系往往受到地理位置、社会经济状态和金融监管政策的限制，许多人因此无法获得基本的银行服务。加密货币通过简化交易流程和降低入门门槛，使任何接入互联网的人都能参与全球经济，推动了金融的包容性发展。

3.透明性与匿名性

加密货币的设计同时兼顾了透明性和匿名性。区块链技术确保了所有交易记录都是公开的，任何人都可以验证交易的有效性，这种透明性机制有助于减少欺诈和腐败。同时，加密货币的匿名性保护了用户的隐私，使用户能够在不透露身份信息的情况下进行交易。这种平衡在提高系统可信度的同时，也尊重了个人隐私。

4.抗通胀和资产保值

加密货币，尤其是比特币，被设计成有限供应的，模仿黄金等稀缺资源。比如，比特币的总量被设计为2100万枚，这种固定的供应量意味着比特币不会因为过度发行而贬值。在通货膨胀高企的经济环境中，加密货币被视为一种可以抵御货币贬值的资产，吸引了寻求资产保值的投资者。

4.1.2　加密货币在金融领域的应用及影响

加密货币作为新兴的支付方式，正在逐步改变全球的支付生态。其独特的属性不仅挑战了传统支付系统的局限，也为消费者和商家提供了更多选择和便利。以下是对加密货币作为新支付方式的详细讲解。

1.去中心化的支付网络

加密货币基于去中心化的区块链技术，与传统的中心化金融体系形成鲜明对比。在去中心化网络中，每一笔交易都由网络参与者（节点）共同验证，不需要通过银行或其他金融机构。这种结构减少了中间环节，降低了交易成本，尤其是在跨境支付方面，使小额国际转账变得更加经济和高效。

2.增强支付的安全性和隐私保护

加密货币的另一个显著特点是其增强了安全性和隐私保护。利用先进的加密技术，加密货币交易保护了用户的财务信息，避免了传统电子支付方式中常见的诸如信用卡欺诈和个人信息泄露等问题。此外，虽然所有交易都被记录在公共的区块链上，但交易双方的身份信息可以通过匿名或伪匿名的方式保护，为用户提供了更高级别的隐私保护。

3.促进金融包容性

加密货币为全球数十亿无银行账户的人口提供了接入现代金融服务的机会。在一些发展中国家，尽管缺乏传统银行服务的基础设施，但普遍拥有移动电话和互联网接入。加密货币能够通过智能手机应用直接进行支付和转账，无须银行账户，这极大地促进了金融服务的普及和金融包容性。

4.加密货币支付的挑战

尽管加密货币支付带来了诸多优势，但在应用过程中也面临着挑战。首先是波动性问题，加密货币价格的剧烈波动可能会增加商家和消费者的风险。此外，加密货币支付的法律地位在不同国家和地区仍有很大差异，监管的不确定性可能会影响其接受度。尽管加密货币支付正在变得对用户越来越友好，但对于普通消费者来说，理解和使用加密货币仍然存在一定的难度。

5.加密货币支付的未来趋势

随着区块链技术的不断成熟和加密货币市场的发展，加密货币支付正逐渐被更多的商家和消费者接受。未来，随着更多的稳定币和中央银行数字货币（Central Bank Digital Currencies，CBDC）的推出，加密货币支付的波动性问题有望得到缓解。同时，随着全球金融监管框架的逐步完善，加密货币支付的法律和监管环境将变得更加清晰。此外，随着技术解决方案的不断创新，加密货币支付的用户体验将进一步优化，会降低消费者和商家的使用门槛。

加密货币的出现和发展不仅引领了一场支付方式的革命，还深刻地影响了全球金融市场的结构和运作方式。以下是对加密货币如何促进金融市场发展的详细讲解。

1.提供新的投资渠道

加密货币为投资者提供了一种全新的资产类别。与传统的股票、债券和黄金等资产相比，加密货币具有高度的流动性和24/7的交易时段，这吸引了全球投资者的参与。加密货币市场的快速增长和高波动性为投资者提供了前所未有的盈利机会，同时也带来了较高的风险。随着市场的成熟和投资者对加密货币特性的深入了解，加密货币已成为多元化投资组合中不可或缺的一部分。

2.创新金融产品和服务

加密货币的技术基础——区块链，为金融产品和服务的创新提供了新的可能性。例如，通过使用智能合约，可以创建自动执行、无须中介的金融协议，这减少了交易成本和时间。去中心化金融平台利用这一技术提供了借贷、交易、保险等传统金融服务，但去除了中心化金融机构的参与。此外，代币化（Tokenization）将实物资产转化为数字代币，在提高资产流动性的同时，也降低了投资门槛，使更多的人能够参与到资产投资中来。

3.加强市场效率和透明性

加密货币和区块链技术的去中心化特性，使其能够在全球范围内提供实时、不可篡改的交易记录。这增强了金融市场的透明性，有助于减少欺诈和腐败。同时，去中心化交易所的出现，使资产交易可以直接在买卖双方之间进行，无须经过传统的证券交易所或清算中心，从而提高了市场效率。

4.促进全球金融融合

加密货币作为一种全球性的资产，促进了不同金融市场的融合。传统金融市场由于监管政策、货币兑换率等因素，存在较大的隔阂。加密货币的全球流动性和边界性的特点，使全球的投资者可以跨境交易，增强了全球金融市场的互联互通。

5.面临的挑战和监管需求

虽然加密货币为金融市场的发展带来了巨大潜力，但也存在不少挑战。市场的高波动性、安全性问题以及缺乏统一的监管框架，都是加密货币市场需要解决的问题。各国政府和监管机构正在探索适当的监管措施，旨在保护投资者、防止洗钱和融资恐怖主义，同时又不抑制技术创新和金融市场的发展。

加密货币在金融领域的应用日益广泛，它不仅改变了传统支付方式，还促进了新型金融服务的发展。图1-10为加密货币在金融领域的应用示例。

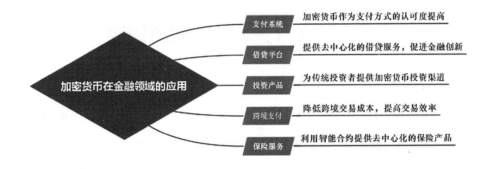

图1-10 加密货币在金融领域的应用

加密货币在金融领域的应用展现了其独特的价值和潜力，从基本的支付和交易到复杂的金融服务（如借贷和保险），它正逐渐渗透到金融行业的各个角落。

4.2 探索数字人民币的新浪潮

数字人民币（e-CNY）等中央银行数字货币的出现，标志着国家对于数字货币概念的正式认可和探索。

4.2.1 探索数字人民币的由来

随着全球数字经济的快速发展，传统的货币和支付体系面临着前所未有的挑战和变革。互联网、移动通信技术的进步，以及加密货币等新兴支付工具的出现，促使各国央行开始探索数字货币的可能性。对于中国而言，发展数字人民币不仅是对国内支付系统现代化的追求，也是为了增强人民币在国际贸易中的地位、对抗加密货币可能带来的金融风险。

中国人民银行自2014年起便开始着手研究中央银行数字货币。经过多年的深入研究，中国人民银行成立了专门的数字货币研究所，负责数字人民币的技术开发和试点实施工作。这一阶段，重点在于探索数字货币的发行机制、运行框架以及与现有支付系统的兼容问题。

2019年末，数字人民币在深圳、苏州、成都和雄安等地启动内部封闭试点测试，此后逐步扩展到更多城市和场景。试点内容包括日常消费支付、政府补贴发放、跨境支付等多个方面，旨在测试数字人民币的实用性、安全性和稳定性。通过与商业银行、支付平台和商家的合作，数字人民币的应用场景不断拓展，用户体验也得到持续优化。

数字人民币的运作基于双层体系结构，即由中国人民银行到商业银行（及其他金融机构）再到普通用户的多级分发模式。这种结构既确保了央行对货币发行总量的控制，又发挥了商业银行在客户服务和管理中的专长。数字人民币代表了中国对现代金融系统的创新，旨在结合传统货币的稳定性与数字货币的便捷性，通过一系列技术创新实现这一目标。

1.双层运营体系

数字人民币采用的双层运营体系是其最显著的特征之一。这一体系的设计充分考虑了中国广阔的地理范围、复杂的经济环境以及庞大的人口基数，旨在确保数字人民币能够高效、广泛地被公众接受和使用。这意味着中国人民银行首先将数字人民币发行给商业银行或其他金融机构，然后这些机构再将其分发给公众。这种体系既利用了商业银行在客户服务和资金管理方面的优势，又确保了央行对货币发行的中心化控制。

上层（中央银行层）：中国人民银行负责发行数字人民币，并通过数字货币发行系统将数字人民币分配给各商业银行及其他金融机构。

下层（商业银行层）：商业银行和指定的金融机构负责将数字人民币兑换给最终用户，包括个人和企业。这些机构在此过程中扮演了"钱包"提供者的角色，负责管理用户的数字人民币账户和交易。

2.可控匿名性

数字人民币设计了一套独特的隐私保护机制，旨在满足反洗钱、反恐怖融资和税务合规要求的同时，保护用户的交易隐私。通过采用匿名等级和智能合约技术，实现了在不同场景下的隐私保护需求。

3.双离线交易支持

数字人民币支持"双离线"功能，即买家和卖家在无网络环境下也可以完成交易。这通过预先在用户设备上存储一定量的数字人民币实现，大大增强了支付的便利性。

4.兼容现有支付系统

数字人民币设计考虑到与现有电子支付系统的兼容性，用户可以通过手机应用、智能卡等多种方式使用。

5.智能合约功能

虽然数字人民币的主要应用目前集中在支付领域，但其底层技术支持智能合约，这允许在满足特定条件时自动执行合约条款。虽然当前主要应用于简单的支付场景，未来智能合约的应用范围可能会扩展到金融服务的其他方面，如自动化的贷款发放、保险赔付等。通过智能合约，可以在无须第三方介入的情况下自动完成交易，降低成本并提高效率，同时也增强了灵活性和可编程性。

6.安全性设计

数字人民币采用了先进的加密技术保护交易安全和用户信息，包括但不限于数字签名、非对称加密和哈希算法等，以确保数据在传输和存储过程中的安全性。

非对称加密体现为在数字钱包中生成公钥和私钥，公钥用于接收资金，私钥则用于签名交易，确保了交易的安全性。

数字签名的应用是每一笔交易都需要通过用户的数字签名进行验证，数字签名的唯一性保障了交易的非否认性和完整性。

哈希算法主要用于确保交易记录的不可篡改性，通过对交易数据进行哈希处理生成唯一的交易摘要，任何微小的数据变化都会导致哈希值的巨大变动。

7.分布式技术

尽管数字人民币的技术实现细节未完全公开，但可知它采用了某种形式的分布式技术。这不同于传统的区块链技术，它可能并未采用全节点共识机制，而是设计了更适合高频、大规模零售支付场景的技术方案。其主要采用了集中式账本与分布式账本相结合的技术，中国人民银行保持了交易数据的最终控制权，而交易验证可能通过更加高效的分布式技术实现，以提高系统的处理能力和扩展性。

数字人民币通过上述相关的技术来实现，下面我们将看一下数字人民币的运作流程，如图1-11所示，数字人民币在运作上也是十分便捷可靠的。

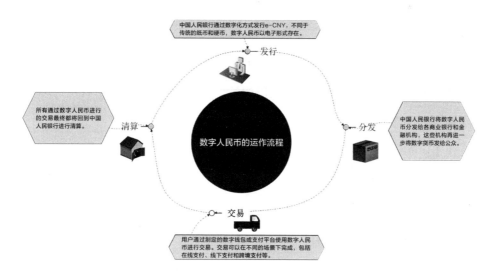

图1-11 数字人民币的运作流程

数字人民币的技术基础是其创建一个安全、高效、便捷的国家级数字货币系统的关键。通过双层运营体系，数字人民币结合了中央银行和商业银行的优势，加密技术和智能合约提供了交易的安全性和灵活性，而分布式技术则保证了系统的效率和扩展性。随着技术的进一步发展和应用场景的拓展，数字人民币有望在全球金融体系中发挥更加重要的作用。

4.2.2 全球各国对数字人民币的态势感知

全球各国央行对中国的数字人民币的态度和反应呈现出复杂多样的格局，既有对其潜在影响力的关注和研究，也有合作和探索的积极动态。

1.积极探索与合作意愿

一些国家的央行对数字人民币表现出了浓厚的兴趣，特别是那些与中国有着紧密贸易联系的国家看到了数字人民币在促进跨境支付、降低交易成本方面的潜在价值。

（1）亚洲地区。例如新加坡、韩国和泰国等国家的央行不仅密切关注数字人民币的发展，还在与中国人民银行进行合作和对话，探索在跨境支付和金融科技创新方面的合作机会。

（2）"一带一路"参与国家。部分参与"一带一路"倡议的国家，如阿联酋和哈萨克斯坦强烈地表达了对数字人民币在促进区域贸易和投资便利化方面的兴趣。

2.观望与研究

大部分国家的央行对数字人民币持谨慎态度，通过研究和监测来评估数字人民币对自身经济和全球金融体系可能产生的影响。

（1）欧洲。欧洲央行及其成员国央行正在密切关注数字人民币的试点和推广进展，同时加速自己的中央银行数字货币项目，如数字欧元的研究工作，以确保在数字货币领域不落后。

（2）美国。美国联邦储备系统对数字人民币的态度较为谨慎，主要从货币政策、国际金融稳定以及全球美元体系的角度进行分析和评估。

3.关注点与挑战

全球央行对数字人民币的态度不仅受到其技术特性和应用潜力的影响，也与一系列挑战和关注点有关。

（1）货币主权与金融稳定。部分国家担心，数字人民币的国际化可能对本国货币主权和金融稳定构成挑战，特别是在小型开放经济体中。

（2）数据安全与隐私保护。数据传输和存储的安全性是全球央行普遍关注的问题，尤其是如何确保在跨境使用数字人民币时，能够有效保护用户数据和隐私。

（3）国际规则与标准。随着数字货币的兴起，如何建立和完善相应的国际规则和标准，以促进不同国家数字货币的互操作性和兼容性，是全球央行面临的共同任务。

4.未来展望

尽管全球各国央行对数字人民币的态度各不相同，但共识在于，数字人民币的发展将对国际金融体系和全球经济格局产生深远影响。

（1）加强国际合作。预计未来将有更多关于数字货币的国际合作，特别是在制定跨境支付的规则、标准以及监管合作方面。

（2）推动金融创新和包容性。数字人民币的发展鼓励了金融科技创新，有望提升全球金融服务的可达性和包容性，特别是对发展中国家而言。

（3）影响国际货币体系。随着数字人民币等CBDC的推出和应用，全球货币体系可能迎来新的变革，对国际贸易、投资和货币政策均产生重要影响。

全球各国央行对数字人民币的态度集中反映了对未来金融科技发展方向的关注，同时也预示着数字货币将在全球经济和金融领域扮演越来越重要的角色。

4.2.3　数字人民币的应用场景及其挑战与未来展望

数字人民币旨在提供一个安全、便捷的支付工具，它的应用场景覆盖了从日常消费支付到跨境交易等多个方面，下面是一些关键应用场景的概述。

1.日常消费支付

数字人民币最直接的应用是在日常消费中作为支付工具，包括餐饮、购物、公共交通等。最主要的案例就是数字人民币在零售支付中的应用。随着数字人民币试点的推进，越来越多的商户开始接受数字人民币作为支付方式。在深圳，消费者可以使用数字人民币在超市、咖啡店等地方直接支付，支付过程简单快捷，只需通过手机应用扫码即可完成交易。

2.政府服务

数字人民币也被用于政府相关支付，如社会福利发放、税费支付等，提高了政府服务的效率和透明性。最主要的案例就是数字人民币用于社会福利发放，政府寻求用更高效的方式发放社会福利，确保资金直接、准确地送达受益人。苏州市政府通过数字人民币向市民发放交通补贴，受益者通过数字钱包领取补贴，提高了福利发放的透明性和效率。

3.跨境支付

在跨境支付方面，数字人民币旨在简化交易流程，减少汇率波动风险，提高跨境交易的效率。

随着其不断推广和应用，数字人民币的未来引起了广泛关注。以下是对数字人民币面临的挑战和未来展望的详细分析。

1.面临的挑战

（1）用户接受度。尽管数字人民币具有许多传统支付方式所不具备的优势，如更高的安全性和便捷性，但用户习惯的改变仍是一个挑战。对于习惯使用现金和已有电子支付工具的用户来说，转向使用全新的支付工具需要时间和教育引导。

（2）技术安全和隐私保护。数字人民币的安全性和隐私保护是公众关注的焦点。尽管数字人民币采用了先进的加密技术和可控匿名性设计，但如何在保护用户隐私和满足监管要求之间找到平衡，避免数据泄露和滥用，是其面临的重要技术挑战。

（3）国际化和跨境支付。虽然数字人民币在国内的推广取得了一定进展，但在国际市场上的推广和接受度仍是一大挑战。如何与现有的国际支付体系兼容，解决跨境支付中的法律、监管和货币兑换等问题，是数字人民币国际化过程中需要解决的关键问题。

（4）监管和政策适配。随着数字人民币的应用范围扩大，其对现有金融监管框架的影响逐渐显现。如何更新和适配相关的金融监管政策，以支持数字人民币的健康发展，同时防范潜在的金融风险，是政策制定者面临的挑战。

2.未来展望

（1）推动金融科技创新。数字人民币的发展将进一步促进金融科技的创新。基于数字人民币的特性，可以预见到将出现新的金融产品和服务模式，如基于智能合约的自动化金融服务，以及更加灵活和安全的跨境支付解决方案。

（2）促进金融包容性。数字人民币有望在促进金融包容性方面发挥重要作用。通过简化支付和转账流程，降低参与门槛，数字人民币可以为更多未被传统金融服务覆盖的人群提供便捷的金融服务，特别是在偏远地区。

（3）形成新的国际支付竞争力。随着数字人民币在国际贸易和跨境支付中的应用逐步展开，有望为人民币的国际化增添新的动力。数字人民币的使用可以减少跨境交易的成本和时间，提高人民币的国际竞争力。

（4）推进全球货币数字化趋势。中国在数字货币领域的探索和实践，将为全球货币数字化趋势提供宝贵的经验。随着越来越多的国家开始研究和开发自己的CBDC，数字人民币的发展有望推动形成全球货币数字化的新标准和合作模式。

数字人民币作为一项重大的金融创新，面临着用户接受度、技术安全、国际化和监管适配等多方面的挑战。未来，随着这些挑战逐步被解决，数字人民币有望在推动金融科技创新、促进金融包容性、增强国际支付竞争力和推进全球货币数字化趋势等方面发挥更大的作用。

4.3 全球各国央行对数字货币的探索

4.3.1 区块链技术推动全球数字货币的发展

数字货币是基于节点网络和数字加密算法的虚拟货币，具有无发行主体、用加密算法保障安全性等特点。由于"双花"问题和"拜占庭将军难题"持续存在，传统数字货币发展受到很大抑制。区块链技术出现之后，"双花"问题和"拜占庭将军难题"得到了较好的解决，如图1-12所示。区块链技术解决了数字货币发展的两大痛点之后，数字货币出现"百花齐放"的局面，此后全世界先后共产生过数千种数字货币，其中比特币的影响力最大。

图1-12 区块链解决了数字货币发展的两大痛点

自数字货币出现以后，目前全球数字货币的资产总价值超过2400亿美元，其中比特币占加密货币市场总值的三分之二左右。表1-16为2024年2月市值TOP10数字货币情况概览。

表1-16 2024年2月市值TOP10数字货币情况概览

	币种名	简称	最新价格(¥)	流通市值(¥)	流通数量(个)	发行总量(个)
1	Bitcoin比特币	BTC	50293.2	9003亿	1790万	2100万
2	Ethereum以太坊	ETH	1027.28	1100亿	1亿	No
3	Ripple瑞波币	XRP	1.53	659亿	428.3亿	1000亿
4	Tether泰达币	USDT	7.06	284.4亿	40.2亿	No
5	Bitcoin Cash比特现金	BCH	1479.54	265.1亿	1791万	2100万
6	Litecoin莱特币	LTC	325.32	204.5亿	6287万	8400万
7	EOS柚子币	EOS	18.08	170.8亿	9.4亿	No
8	Binance Coin币安币	BNB	108.53	168.8亿	1.5亿	1.88亿
9	Bitcoin SV比特币SV	BSV	745.84	132.8亿	1780万	2100万
10	Stellar恒星币	XLM	0.4	78.5亿	196.1亿	1051.8亿

从表1-16可以看出，比特币和以太坊（以太币）占据了数字货币市场的半壁江山，下面我们就详细地分析这两种数字货币。

1.比特币

比特币发行是通过挖矿产生的。挖矿是区块链各节点为接入新区块，延续区块链的过程。在这一过程中，不仅发行了新的比特币，同时还维系了比特币系统的支付和交易功能。由于比特币在产生过程中需要消耗大量算力和电力资源，中本聪将其比喻成挖掘金矿并注入经济，"挖矿"概念诞生，参与计算的节点被称为"矿工"。

挖矿的流程：第一步，矿工将交易池中的交易利用哈希函数打包并形成根哈希值。第二步，计算满足要求的随机数，取得记账权，将交易计入区块链，并获得比特币收益，即发行了新的比特币。比特币产生过程（挖矿流程）如图1-13所示。

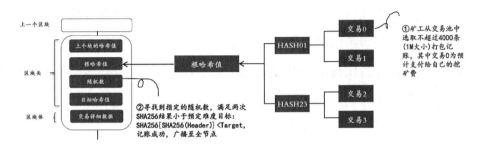

图1-13 比特币产生过程

比特币流通与交易是通过点对点进行，存储通过加密钱包或者托管方进行。其交易过程有两步：第一步，寻找交易对手，双方点对点交易，直接通过钱包地址转账的方式来实现，交易过程中需要利用私钥进行签名。第二步，用户支付手续费，矿工选择将交易打包并进行全网公布。

交易记账，也是区块链记账的整个过程，其中，为保证10分钟内只有一个节点完成记账，计算难度是逐步上升的，如果出现分叉，后续记账以最长链为准，算力会在各分支短暂切换。

交易之后，用户可以将比特币存放于自己的加密数字货币钱包中，主流的钱包均支持比特币的存取。用户也可以将比特币存放于加密数字货币交易所中，由交易所代为保管。

2.以太币

以太坊是第二代区块链技术，是一个开源的、支持智能合约功能的公共平台，通过其发行的加密货币（以太币）来处理点对点合约。目前以太币市值仅次于比特币，排第二位。

以太坊可以支持强大的脚本语言，允许开发者在上面开发任意应用，实现任意智能合约。如果说比特币被认为是"全球账簿"，那以太坊就是"全球计算机"。以太坊可以类比为苹果的应用商店，任何开发者都可以在上面开发应用，并出售给用户。而比特币系统只能用于数字货币。

为了对比分析比特币与以太坊（以太币），我们可以从多个角度考察这两种数字货币的相同点和不同点。表1-17展示了它们在主要特性和用途方面的对比。

表1-17 比特币与以太坊的对比

	比特币	以太坊（以太币）
发行时间	2009年	2015年
创始人	中本聪	维塔利克·布特林（Vitalik Buterin）
主要目的	作为数字货币，旨在提供一种去中心化的支付系统	创建一个去中心化的平台，支持智能合约和去中心化应用
核心技术	区块链技术，采用工作量证明共识机制	区块链技术，最初也采用工作量证明，但正在向权益证明过渡
供应总量	固定的，最大供应量为2100万个比特币	没有设定最大供应量，以太币供应不固定
交易速度	较慢，平均每10分钟生成一个区块	较快，平均每15秒生成一个区块
用途	主要用于价值存储和交换，被视为"数字黄金"	除了作为价值交换外，还支持智能合约执行，是许多金融和非金融去中心化应用的基础
编程功能	有限的编程能力，主要用于交易处理	强大的编程能力，可以创建和执行智能合约及去中心化应用
共识机制	工作量证明	正在从工作量证明过渡到权益证明的以太坊2.0
市场定位	最早的加密货币，被广泛接受作为一种投资和价值存储手段	提供一个更广泛的应用平台，促进区块链技术和智能合约的创新应用

4.3.2　全球各国央行对数字货币的探索

全球各国央行对数字货币的探索体现了国际金融界对新兴技术的关注和应对策略。随着数字货币技术的成熟和广泛应用，越来越多的央行开始考虑发行自己的中央银行数字货币。以下是几个国家和地区在这一领域的主要探索和进展。

1.中国：数字人民币

中国人民银行在全球范围内率先进行CBDC的试点测试，推出了数字人民币。自2014年起，中国就开始了数字货币的研究工作，并在2019年开始在多个城市进行试点。数字人民币旨在提高交易效率、增强金融系统的可靠性和安全性，同时促进金融包容性。

2.欧盟：数字欧元项目

欧洲中央银行（European Central Bank，ECB）正在研究发行数字欧元的可能性，目的是在保持现金使用的同时，为公众提供一种安全、稳定的数字支付手段。ECB强调，数字欧元将成为欧元系统的一部分，补充现有货币供应，确保欧元在数字化时代中的主权和稳定。

3.美国：数字美元研究

美国联邦储备银行正在评估发行数字美元的利弊，目前还未决定是否正式推出。尽管存在一些技术和政策上的挑战，但美国央行对保持美元在全球支付系统中的主导地位表现出浓厚兴趣，正在积极研究CBDC的潜在影响。

4.英国：数字英镑的考虑

英国央行正在考虑发行名为"Britcoin"的数字英镑，探索CBDC能够为英国经济带来的好处，包括更高的支付系统效率和更强的金融稳定性。英国央行已经发布了相关的讨论文件，并征求公众意见。

5.瑞典：电子克朗

瑞典是最早探索CBDC的国家之一，考虑到瑞典现金使用量的快速下降，瑞典央行（Riksbank）正在开发电子克朗（e-Krona）。e-Krona旨在作为现金的补充，提供一个安全和有效的支付系统。

全球各国央行对数字货币的探索反映了对当前和未来金融系统变革的积极响应。虽然各国在推进CBDC方面的策略和进度不一，但共同的目标是利用数字货币提高支付效率、增强金融稳定性、提升金融包容性，并确保在数字化时代中维护货币主权。随着技术进步和政策发展，CBDC未来在全球金融体系中扮演的角色将日益重要。

4.4 数字时代的卓越管理之道

随着企业数字化转型的加速，区块链提供了一个重要的平台，以其独有的特性帮助企业实现更高效的操作和更强的数据安全，为企业管理和运营带来革命性的改进。

4.4.1 数字化领导力

数字化领导力是指在数字化时代背景下，领导者展现出的能力与品质，这些能力有助于他们有效地应对挑战、推动创新和变革，并且能够创造出一个支持数字化转型的文化体系和一个有效的组织结构。数字化领导力不仅仅是对传统领导力的继承和发展，还是在这个快速变化的信息社会中，领导者需要具备的新能力和新思维方式。这种领导力包括但不限于理解和运用数字技术的能力，还包括适应数字时代社会人文变化的敏感性和洞察力。

1.技术领悟力

数字化领导者需要具备对新兴技术的理解和领悟能力，包括人工智能、大数据、云计算、物联网等，以便能够明智地应用这些技术来推动组织的发展。领悟力是一种重要的认知能力，可以帮助人们学习新的东西、解决问题，并在遇到新的情况时进行适当的反应。

2.战略思维

数字化领导者应具备战略思维，能够从全局的角度审视数字化转型对组织的影响，制定并实施相应的数字化战略，以确保组织能够在竞争激烈的数字化市场中保持竞争优势。战略思维是一种综合性、长远性和系统性的思考方式和方法。这种思维方式强调以整体和全局的视角来分析问题和制定决策，涉及对外部环境、内部资源、发展方向和目标等多个因素的综合思考。

3.变革管理

变革管理即当组织成长迟缓、内部有不良问题产生，无法应对经营环境的变化时，企业必须做出组织变革策略，将内部层级、工作流程以及企业文化进行必要的调整与改善管理，以达到企业顺利转型的目的。企业变革的核心是管理变革，而管理变革的成功来自变革管理。

4.团队建设

数字化领导者需要建立一个高效的数字化团队，团队成员具备多样化的技能和背景，能够共同合作，迎接数字化时代的挑战。

5.创新思维

数字化领导者应鼓励创新思维，促进组织内部的创新文化，以便不断地推动组织在数字化领域发展和进步。

6.数据驱动

数字化领导者应该注重数据的价值和运用，通过数据分析和洞察，制定有效的决策，并持续优化组织的运营方式和业务流程。数据驱动是一种以数据为中心的决策方式和行动方式。数据驱动依赖于通过互联网或相关软件采集大量数据，并对这些数据进行组织、整合和提炼，在此基础上通过训练和拟合形成自动化的决策模型。

7.学习能力和适应能力

数字化领导者应具备不断学习和适应的能力，因为数字化技术的发展和变化非常快速，领导者需要保持敏锐的洞察力，及时调整战略和方向。

4.4.2　数据驱动决策

在当今的信息化时代，数据无处不在，并且以惊人的速度增长。这种数据的大规模产生和累积为我们提供了宝贵的资源，可以用于支持决策制定过程。

数据驱动决策是一种基于数据和分析的方法，它能够提供清晰、准确和客观的信息来指导决策，并帮助组织做出更明智的选择。数据驱动决策已经成为现代组织决策制定的重要手段，并在商业、政府和医疗等领域得到广泛应用。它的实践可以提高决策的准确性和效率，降低决策的风险和不确定性，优化资源配置和利润增长，推动创新和业务发展。

然而，数据驱动决策推广还面临着数据文化建设、技术支持、数据安全与隐私保护以及数据治理等挑战。只有战胜这些挑战，才能更好地发挥数据驱动决策的潜力，为组织的可持续发展提供有力支撑。

1.数据驱动决策的概念和原则

数据驱动决策可理解为使用事实、指标和数据分析结果来制定战略性的业务决策，并在执行决策的过程中持续以数据分析结果为下一步工作指明方向。

数据驱动型决策的核心是利用真实的、经过验证的数据，而不仅仅是做出假设，从而更好地了解业务需求、制定让业务进步的决策。

2.数据驱动决策的由来

在拿不到任何数据的时候，人们总是拍脑袋做决定，也就是根据感觉和直觉做出瞬间的决定，不考虑结果。老板一个突发奇想定个目标，让手下员工开始干，只有打鸡血、喊口号，这种目标往往高得离谱，领导也给不出实现目标的办法，最后也找不出没完成目标的原因。比拍脑袋做决定好一些的决策方式是"决策三段论"，三段是指做什么（制定目标）、怎么做（制订计划）、做得怎么样（跟进执行）。三段论比单纯的"拍脑袋"更有逻辑和计划性，但也不是科学管理，因为制定目标还是靠决策者想象，没有事实依据。决策三段论在20世纪后期很流行，直到数字化管理系统出现。

企业开始用数字化管理系统，随之而来的是海量的业务数据、员工行为数据、客户数据等类型的数据，让企业能从数据度量和数据分析中客观地掌握企业现状，根据数据分析结果有针对性地做改进、做决策、实现精细化管理。这时出现了PDCA理论，图1-14为PDCA理论的详细介绍。

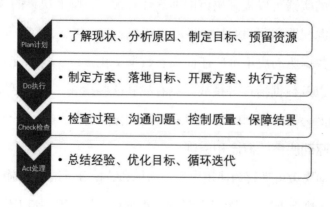

图1-14 PCDA理论

PDCA是一种循环运转的过程，每一阶段都会产生新的数据，持续地对数据做整合、分析，做数据驱动决策和数据化管理，不断优化这个循环，组织效率和工作成果就会越来越好。

3.数据驱动决策的过程

（1）数据收集。收集各种来源的数据，包括内部数据（如企业运营数据、销售数据等）和外部数据（如市场趋势数据、竞争对手数据等）。

（2）数据清洗和整理。对收集的数据进行清洗，去除错误、重复或不完整的数据，并进行必要的数据转换和整理，以便于后续分析和建模。

（3）数据分析与建模。应用各种数据分析和建模技术，探索数据之间的关联和趋势，并建立预测模型或决策支持模型，以提供对未来情况的预测或决策支持。

（4）结果解释与决策制定。根据数据分析和建模结果，解释和理解数据背后的含义和趋势，并将其应用于具体的决策制定过程中。

4.数据驱动决策重要性的主要体现

（1）提供客观决策依据。数据驱动决策基于客观、可量化的数据，避免主观判断和个人偏见的影响，提供更为客观和准确的决策依据。

（2）发现潜在的机会和挑战。通过对大量数据进行分析，可以发现隐藏在数据背后的潜在机会和挑战，帮助组织及时调整战略和行动计划。

（3）提高决策效率。数据驱动决策能够提高决策过程的效率，减少决策制定的时间和成本，并优化资源的利用率。

（4）降低决策风险。通过数据驱动决策可以更好地评估和管理决策的风险，减少不确定性和错误的可能性。

4.5　区块链如何颠覆医疗保险的未来之路？

医疗保险是一个复杂的行业，涉及医疗数据处理、理赔过程管理和保险合同执行等方面。区块链技术的应用正在为其开启一场革命，通过提供安全的数据共享机制，改善患者信息管理，优化医疗资源配置，甚至重新定义医疗保险流程。这些创新不仅能增加系统的透明性，还能在保护患者隐私的同时，提升服务效率和质量。

4.5.1　区块链技术在医疗领域的应用

随着信息化不断加速，数据量迅速增加，但信息共享与患者隐私保护的权衡工作难度加大。一旦发生医患纠纷问题，作为"中心化"的院方存在修改医疗记录的能力和动机。传统监管难以适应医疗信息化发展趋势，很难拿到实时业务数据。

利用联盟链——超级账本技术将医院的信息平台（患者、医生）、监管机构以及其他医院的数据上链。在这种模式下，可以兼顾信息共享和患者隐私保护，且数据不会遭到篡改，监管机构也可以通过自己的节点观察数据总库是否被篡改，不但实现了静默监管，也保护了患者医疗信息。图1-15为区块链技术在医疗领域的多种应用方案。

图1-15 区块链技术在医疗领域的应用

1.病历管理

在病历管理方面，区块链技术可以确保病历数据的完整性和安全性。通过区块链平台，患者的医疗记录可以被安全地存储和共享，同时保证数据隐私。

2.药品供应链

区块链技术能够追踪药品从生产到分销的全过程，有效打击假冒伪劣药品，确保药品供应链的安全和透明。

3.医疗保险索赔

区块链技术可以简化医疗保险索赔过程，通过智能合约自动验证和处理保险索赔，提高处理速度和减少欺诈。

4.5.2 区块链技术引领医疗保险走向未来

区块链技术在医疗保险领域的应用正逐渐展现出巨大的潜力，特别是在提高透明性、增强数据安全性、简化索赔流程以及打击保险欺诈方面。通过区块链技术，可以构建一个去中心化、不可篡改且高度安全的医疗保险数据管理系统。区块链技术在医疗保险中的作用如下。

1.增强数据安全与隐私保护

区块链技术的加密特性确保了存储在链上的敏感的医疗和保险数据的安全，同时支持对数据访问精细控制，增强了隐私保护。

2.简化索赔和支付流程

通过智能合约自动执行保险合同中的条款，区块链技术可以使索赔和支付流程自动化，大幅提高处理速度，降低人工错误和欺诈风险。

3.提高透明性与信任度

区块链提供的透明性让保险持有人、保险公司和服务提供者（如医院）能够实时查看和验证交易记录，增强了各方之间的信任度。

4.打击保险欺诈

区块链技术通过确保每一笔交易的不可篡改性，帮助保险公司识别重复索赔、伪造文档等欺诈行为。

4.6　区块链身份验证引领安全新纪元

在数字化日益加深的今天，个人信息安全和隐私保护成为全球关注的焦点。区块链技术在身份验证和数据保护领域的应用，为解决这一问题提供了新的方向。利用区块链的不可篡改性和加密特性，我们可以创建一个更加安全、透明且能够让用户控制的数字身份系统。

4.6.1　区块链身份验证技术概述

区块链身份验证技术是一种利用区块链技术来验证和管理用户身份的方法。它的核心思想是将用户的身份信息存储在区块链上，并使用密码学的方法确保信息的安全性和不可篡改性。区块链身份验证的关键特点如下。

1.去中心化存储

区块链技术使个人数据可以在去中心化的网络中存储，避免了数据被单一的中心化机构控制的风险。

2.数据不可篡改

一旦信息被记录在区块链上，就无法被更改或删除，这为用户的身份数据提供了强大的安全保障。

3.用户掌控数据

用户可以完全控制自己的身份信息，自由选择向第三方披露哪些信息，增强了隐私保护。

4.透明且可验证

所有通过区块链进行的交易都是公开透明的，在保护用户隐私的前提下，任何人都可以验证交易的有效性。

4.6.2　区块链身份验证的应用

区块链技术在身份验证领域的应用正改变着传统的身份管理系统，提供更高的安全性和用户数据控制权。

1.应用场景1：网络安全

Civic（CVC币）利用区块链技术创建了一个去中心化的身份验证系统。用户可以安全地存储和管理自己的身份信息，并在需要验证身份时，通过Civic App提供一次性使用的验证。这种方式不仅提高了登录和验证的安全性，也显著提升了用户体验。

表1–18是传统身份验证系统与区块链身份验证系统的对比分析，可以帮助我们详细地了解区块链身份验证系统的特性。

表1-18 两种身份验证系统的特性对比

	传统身份验证系统	区块链身份验证系统
数据存储	中心化，存在单点故障风险	去中心化，分布式存储
安全性	可能遭受数据泄露和篡改	数据不可篡改，加密存储
用户控制权	有限，依赖服务提供商	强大，用户完全控制个人数据
身份验证流程	多步骤，效率较低	简化流程，一次验证，多处使用

2.应用场景2：跨境身份验证

爱沙尼亚的电子居民（Estonia e-Residency）计划提供了一个跨境身份验证的范例。虽然目前还未完全基于区块链，但该计划展示了如何利用数字身份跨境提供政府服务。区块链技术未来可能使这一过程更加安全和高效。表1-19为传统跨境身份验证与区块链跨境身份验证特性的对比。

表1-19 两种跨境身份验证的特性对比

	传统跨境身份验证	区块链跨境身份验证
效率	低，涉及复杂的手续和验证流程	高，即时验证，简化流程
成本	高，手续烦琐，有第三方服务费用	低，减少中介，自动化流程
可靠性	依赖单一机构的安全措施	高，多节点共识，数据公开可验证
用户体验	烦琐，需多次提交相同证明	便捷，一次验证，多处使用

3.应用场景3：医疗健康记录

MediBloc是一个基于区块链的医疗信息平台，旨在使患者完全控制自己的医疗记录。通过该平台，医疗信息可以安全、高效地在患者和授权的医疗服务提供者之间共享，极大地提高了医疗服务的质量和效率。表1-20所示为传统医疗健康记录与区块链医疗健康记录特性的对比。

表1-20 两种医疗健康记录的特性对比

	传统医疗健康记录管理	区块链医疗健康记录管理
数据共享	限制多，流程复杂	简化，即时且安全的数据共享
数据安全	面临泄露和篡改风险	加密存储，数据不可篡改
患者控制权	有限，数据由医疗机构控制	强大，患者对自己的医疗数据有完全控制权
更新与访问	效率低，更新慢	高效，实时更新，快速访问

区块链技术在身份验证领域的应用正逐步解决传统系统中存在的问题，如数据安全性不足、验证流程复杂和用户数据控制权有限等，特别是在网络安全、跨境身份验证和医疗健康记录管理等方面展现出巨大的潜力。

4.6.3 区块链身份验证引领安全新纪元

区块链技术因其独特的安全性、透明性和去中心化特性，在引领安全新纪元方面发挥着关键作用。尤其在身份验证领域，它提供了一种革命性的方法，不仅能够加强数据保护，还能优化用户体验。区块链技术引领安全新纪元有以下几种常见方式：

1.数据安全和隐私保护

在当前的数字化时代，数据泄露和隐私侵犯日益成为严峻问题。传统的中心化数据管理系统易成为黑客攻击的目标。区块链通过其去中心化的特性，将数据分布式存储于网络的多个节点上，不仅增加了黑客攻击的难度，还确保了数据的完整性和不可篡改性。此外，区块链技术允许用户通过加密密钥控制自己的数据，从而在提供必要服务所需的信息时，还能保护个人隐私。

2.简化身份验证流程

在传统身份验证系统中，用户需要为不同的服务创建和记住多个账户和密码，这不仅增加了用户的负担，也提高了数据被盗用的风险。区块链技术能够实现"一次认证，多处使用"的身份验证模式。用户的身份信息和认证状态被记录在区块链上，当需要在新的服务中验证身份时，只需通过区块链进行确认即可，极大地简化了身份验证流程，同时降低了信息被盗的风险。

3.提高交易和操作的透明性

区块链的一个核心特性是透明性，所有通过区块链进行的交易和操作都是公开可查询的，且不可更改。这种机制为消费者提供了前所未有的可见度，使得消费者可以直接验证交易的真实性和有效性。在身份验证场景中，这意味着用户可以轻松追踪和审计自己的数据被哪些服务使用，以及使用的具体情况，从而有效地监控和保护自己的隐私。

4.抵御身份盗窃

身份盗窃是数字化社会的一大威胁。区块链技术通过其加密特性为用户的身份信息提供了额外的安全层。由于区块链上的数据是不可篡改的，且每次交易都需要通过私钥签名，因此即使数据被非法访问，攻击者也无法更改或伪造身份信息，从而有效地抵御了身份盗窃。

随着技术不断进步和应用范围不断拓展，区块链有望为个人数据安全和隐私保护提供更强大的保障，同时为用户带来更加便捷、安全的数字体验。

第五章

区块链技术挑战
和问题的探索与应对

在探索数字化未来的道路上，区块链技术无疑是最令人瞩目的革新之一。它的出现不仅预示着一个去中心化的新纪元，而且在金融、供应链管理、身份验证等众多领域展示了其独特的价值。然而，就像所有前沿技术一样，区块链技术在引领我们进入一个更加透明和安全的数字世界的同时，也面临着诸多挑战和问题。这些挑战不仅涉及技术本身的扩展性和可持续性，还包括如何在保障创新的同时满足日益严格的合规要求，以及如何提升公众对这项新兴技术的理解和接受度。本章将深入探讨区块链技术所面临的主要挑战，并探索可能的解决之道。

5.1　探讨扩展性和可持续性问题的解决之道

区块链技术的一个核心挑战是如何在保持去中心化和安全性的同时，实现扩展性和可持续性。随着区块链应用的广泛推广，网络的交易处理能力和能源消耗成为制约其进一步发展的关键因素。对于许多基于区块链的系统而言，如何在不牺牲其去中心化特性的前提下，处理大量的交易并确保系统高效运行，是技术发展的重要方向。

5.1.1　探讨扩展性问题的解决之道

区块链网络处理交易的能力受到其设计机制的限制。以比特币网络为例，平均大约每10分钟生成一个区块，每个区块的大小限制为1MB，这意味着网络的吞吐量为每秒7笔交易左右。相比之下，传统的信用卡处理系统（如Visa）的处理速度可达每秒数千至数万笔交易。这一差距显著限制了比特币等传统区块链应用作为日常支付手段。此外，随着区块链网络使用增加，交易请求量增长会导致网络拥塞，进一步加剧了交易延迟问题，同时使交易费用上升，降低了网络的用户体验满意度。

解决区块链的扩展性问题是推动其广泛应用和发展的关键。为了解决这一问题，业内专家和研究人员提出了多种解决方案，主要集中在优化区块链架构和提高数据处理效率上。

1.分片技术

分片技术将区块链网络分割为多个较小的、可以并行处理交易的片段（"分片"），以此来提高整个网络的处理能力。每个分片处理一部分网络的交易和数据，减少了单个节点所需处理的数据量，从而提高了网络的总体吞吐量。这类似于将一个大型数据库分割为多个较小的、更易于管理和维护的数据库。

2.二层网络（Layer 2）解决方案

Layer 2技术通过在区块链主网之上构建一个二层网络来处理交易，只有在最终结算时才将交易数据记录在主链上，使用这种解决方案的有闪电网络（Lightning Network）和状态通道（State Channels）。这大大减少了主链的负载，同时保持了交易的去中心化和安全性。Layer 2技术通过实现交易即时结算，能够显著提高区块链网络的扩展性。

3.跨链技术和侧链

跨链技术旨在实现不同区块链网络之间的互操作性，允许资产和数据在多个区块链之间流动。侧链是一种特殊类型的跨链技术，允许资产从一个主链转移到一个附属的区块链（即侧链），在侧链上进行交易处理后再转回主链。这样不仅提高了主链的处理能力，也为资产提供了更多样化的应用场景。

表1-21对三种解决方案进行了比较。

表1-21 区块链扩展性解决方案比较

	描述	优点	缺点
分片技术	将网络分割成多个片，每个片处理一部分交易	提高网络吞吐量，降低节点处理数据的负担	技术复杂，跨片交易处理较难
Layer 2解决方案	在现有区块链之上构建二层网络，处理交易	提高交易速度和降低成本，增加隐私保护	依赖主链安全性，有中心化风险
跨链技术和侧链	实现不同区块链之间的互操作性，通过侧链进行资产和数据的转移与处理	提供更多资产使用场景，减轻主链压力	技术复杂，需要解决不同区块链间的兼容性问题

区块链扩展性问题的解决方案多种多样，每种方案都有其优点和局限性。分片技术通过分割网络来提高处理能力，但面临技术实现的复杂性；Layer 2解决方案通过链下处理交易来减轻主链负担，但存在中心化风险；跨链技术和侧链通过实现区块链间的互操作性来扩展应用场景，但需要克服技术兼容性的挑战。随着这些技术不断发展和完善，相信未来区块链将能够更好地满足日益增长的应用需求，推动其在更广泛的领域应用和发展。

5.1.2　探讨可持续性问题及解决之道

随着区块链技术的广泛应用，其环境影响和可持续性问题逐渐受到重视。区块链网络，尤其是采用工作量证明机制的加密货币（如比特币），因其巨大的能源消耗而备受争议。可持续性问题的核心在于如何实现区块链技术的环保发展，以减少对环境的负面影响，同时保持其安全、去中心化的核心特性。关于可持续性的问题，我们从能源消耗、碳排放、电子废物这三个角度进行分析。

1.能源消耗

区块链技术，特别是PoW机制，要求参与者通过解决复杂的计算问题来验证交易和创建新的区块，这个过程被称为"挖矿"。随着竞争加剧，越来越多的计算资源被投入到挖矿活动中，导致巨大的能源消耗。例如，比特币网络的能源消耗已经超过了许多国家的年能源使用量。

2.碳排放

大量能源消耗导致的直接后果之一是碳排放增加。在全球能源供应中仍以化石能源为主，但区块链挖矿活动对全球温室气体排放的"贡献"不容忽视。这与全球减少碳排放、应对气候变化的目标背道而驰。

3.电子废物

挖矿活动需要大量专业的硬件设备，这些设备通常在短时间内就会因技术更新或损坏而被淘汰，产生大量电子废物。处理这些废物不仅成本高昂，而且会对环境造成巨大负担。

针对区块链技术所面临的可持续性问题，社会各界正在积极探索和实施一系列创新解决方案。这些方案旨在减轻区块链技术对环境的负面影响，实现其在促进数字化进程中的绿色发展。

1.更换共识机制

共识机制是区块链网络中达成一致和验证交易的根本机制。传统的工作量证明机制虽然保证了网络的安全性，但其耗能巨大。为了解决这一问题，越来越多的区块链项目开始探索更为高效、环保的共识机制。权益证明机制通过持币量和持币时间等因素来选择验证者，显著降低了能源消耗。委托权益证明机制允许持币者投票选举出少数代表（见证人），由这些见证人负责验证交易和创建区块，进一步提高了网络效率、降低了能源消耗。

2.使用可再生能源

另一个减少区块链技术碳足迹的方法是采用可再生能源进行挖矿。全球许多区块链挖矿企业开始转向风能、太阳能等绿色能源，以实现环境友好的挖矿过程。使用可再生能源不仅能够减少碳排放，还能降低挖矿成本，实现经济效益和环境保护的双赢。

3.优化区块链技术

技术创新是提高区块链可持续性的关键。这包括优化区块链底层协议、提高交易处理效率、减少每笔交易的能耗等。通过算法优化、增加交易打包的密度、优化网络通信协议等手段，可以有效降低区块链网络的整体能耗。

4.提高硬件效率

挖矿硬件的能效比（每单位电力能产生的计算能力）是影响区块链可持续性的重要因素。通过提高挖矿设备的能效比和采用更加先进的制造技术，可以显著减少挖矿所需的能源，从而减少整个区块链网络的能耗。

针对上述解决之道，表1-22详细比较了以上区块链可持续性解决方案。

表1-22 区块链可持续性解决方案比较

	描述	优点	缺点
PoS	权益证明，选取持币者进行交易验证	能耗低，安全性高	对持币量多的节点有利，可能导致权力过于集中
DPoS	委托权益证明，通过投票选举出少数代表进行交易验证	高效，降低能耗，提高交易速度	需要选举过程，存在中心化风险
可再生能源	使用风能、太阳能等可再生能源进行挖矿	减少碳排放，对环境友好	初始投资成本高，受地理位置限制
技术优化	通过算法优化等提高区块链网络的效率	减少能耗，提高交易处理速度	技术挑战大，需要持续的研发投入
硬件优化	提高挖矿设备的能效比	直接降低能耗，提高经济效益	需要较快的技术迭代，旧设备更新换代成本高

通过探索和实施上述解决方案，区块链技术的可持续性正在不断提高。虽然每种方案都有其优缺点，但通过综合应用这些解决方案，可以有效地平衡区块链技术的发展需求和对环境保护的要求，推动区块链技术向更加绿色和可持续的方向发展。

5.2 区块链合规性挑战与前路探讨

随着区块链技术发展，各国政府和监管机构对加密货币和区块链应用提出了一系列监管要求。如何在创新与合规之间找到平衡，是区块链项目成功的关键。这不仅需要技术开发者和项目运营者的智慧，也需要监管框架适时更新，以促进技术的健康发展。

5.2.1 多维度分析合规性挑战

随着区块链技术快速发展和应用扩散，其合规性挑战成为业界、监管机构及用户关注的焦点。这些挑战不仅关系到区块链技术的可持续发展，也关乎其在全球范围内的接受度和信任度。在解析区块链的合规性挑战时，我们需从多个维度进行深入分析。

1.监管环境的多样性

区块链技术的全球性特征意味着它不仅需要面对单一国家或地区的法律法规，还需适应不同监管环境的要求。全球范围内对于加密货币和区块链应用的监管态度差异巨大，从积极拥抱到严格禁止不一而足。这种监管环境的多样性为跨境区块链项目运营带来了极大的不确定性和复杂性。

2.去中心化与监管相冲突

区块链技术的核心价值之一是去中心化，这与传统的中心化监管模式存在天然的冲突。去中心化意味着没有单一的控制实体或监管点，这对实施反洗钱和客户身份识别等传统金融监管要求提出了挑战。如何在不牺牲区块链去中心化特性的前提下实现有效监管，成为业界亟待解决的问题。

3.隐私保护与透明性要求

区块链技术提高了交易的透明性，但也引发了隐私保护的问题。尤其是在欧盟实施了严格的《通用数据保护条例》后，如何在保证区块链交易透明的同时保护用户数据不被滥用成为一大挑战。这要求区块链项目开发者在设计系统时就要考虑到隐私保护的法律要求，实现数据的匿名化或去标识化处理。

4.金融安全与反洗钱

加密货币与区块链技术的匿名性和全球性特征使其成为潜在的洗钱工具。监管机构需要制定有效的策略来防范这一风险，同时又不能完全禁止区块链技术的正当使用。这要求监管机构与技术开发者、服务提供者之间要有更深入的合作，共同探索符合监管要求的技术解决方案。

5.2.2 针对合规性挑战的解决方案与前路探讨

面对区块链技术的合规性挑战，业界和监管机构需要采取多元化的策略来应对，以下是一些关键的解决方案与未来的发展方向。

1.国际合作与标准制定

为了应对全球化的区块链应用与监管的多样性，国际合作显得尤为重要。通过建立国际标准，协调不同国家的监管政策，可以减少跨境区块链应用的合规成本，促进区块链技术全球化发展。

（1）方案：国际监管机构和区块链行业组织共同制定跨国界的监管框架和技术标准。

（2）目标：实现监管政策的协调一致，简化跨境区块链项目的合规流程。

2.监管科技的应用

监管科技利用区块链等先进技术来提升监管的效率和效果，能够帮助监管机构更好地理解和监控区块链活动。

（1）方案：开发基于区块链的监管技术解决方案，如自动化的合规检查工具、交易监控系统等。

（2）目标：提高监管的透明性和实时性，减少非法活动，同时降低企业的合规成本。

3.灵活的监管框架

采用更为灵活的监管框架（如监管沙箱），允许区块链项目在受控的环境下试点，同时收集数据和反馈，为正式的监管政策制定提供参考。

（1）方案：监管机构提供试点环境，允许创新项目在有限的范围内运行。

（2）目标：促进创新，同时确保新兴技术的应用不会对金融系统的稳定性和消费者权益造成威胁。

4.提升公众和行业的认知度

通过教育和培训提升公众对区块链技术的理解，同时加强行业内部的合规意识和能力培训。

（1）方案：举办公开课程、研讨会和线上培训，发布指导手册和最佳实践建议。

（2）目标：建立正确的区块链知识体系，提升行业整体的合规水平。

通过上述措施和策略，可以在保证区块链技术健康发展的同时，有效应对合规性挑战。这需要行业参与者、监管机构以及社会各界的共同努力，以期在创新与监管之间找到最佳平衡点。

5.3　探讨社会教育对数字革命的关键影响

社会大众对于区块链技术的理解和接受度直接影响其应用的推广和发展。虽然区块链技术在技术圈内备受推崇，但广大公众对这项技术的认知还存在很大差异。如何通过教育和宣传提升公众的技术理解，是推动区块链技术广泛应用的重要环节。

5.3.1　社会教育对数字革命的影响

在数字革命的浪潮中，社会教育起着至关重要的作用，它不仅塑造了人们对新兴技术的认知和态度，还决定了社会采纳这些技术的速度和广度。社会教育对数字革命的影响可以从以下几个维度进行深入探讨。

1.提高数字素养

数字素养是指个体有效和负责任地使用数字技术的能力。在数字化时代，这种能力变得尤为重要。社会教育通过提供必要的知识和技能培训，帮助人们理解数字技术的工作原理，学会如何安全、有效地使用这些技术。这不仅包括基础的计算机操作技能，还包括网络安全意识、数据隐私保护等

更为复杂的内容。提高公众的数字素养，有助于构建一个更加智能、高效的
社会。

2.缩小数字鸿沟

数字鸿沟指的是不同社会群体在获取和使用信息与通信技术方面的差
异。教育在缩小这种差异方面起着决定性的作用。通过普及基础的计算机和
互联网教育，确保所有群体，特别是偏远地区和经济能力较弱的群体能够获
得相同的学习机会，教育可以有效地促进技术的普及和平等使用。此外，特
别针对老年人和残障人士开展的定制化教育项目，也是缩小数字鸿沟、推动
社会整体前进的关键措施。

3.激发创新和创造力

数字革命的核心驱动力是创新。教育通过激发人们的创造力和批判性思
维，为持续的技术创新提供了源源不断的动力。在教育过程中，鼓励学生进
行问题解决、项目设计和团队合作，不仅能够培养他们的技术技能，还能够
促进他们的创新思维和实践能力的发展。此外，教育还应关注培养学生的道
德观念和社会责任感，确保技术创新能够促进社会的公平和可持续发展。

4.促进技术接受度和适应性

对于许多人来说，新技术的出现伴随着焦虑和不确定性。教育可以通过
提供有关新技术的准确信息和案例研究，帮助人们理解其潜在价值和应用
场景，从而降低公众对技术的恐惧感，提高对新技术的接受度。同时，教育
还应培养人们的适应性，使他们能够在快速变化的技术环境中持续学习和成
长，保持竞争力。

5.3.2　社会教育如何推动数字革命

能够适应数字化时代的社会教育需要提升教育体系的适应性与前瞻性，确保社会教育可以培养出能够适应时代要求的人才，并使之成为推动数字革命向前发展的积极力量。具体的策略和方法如下：

1.整合数字技能与课程内容

将培养数字技能纳入教育体系的核心内容。这不仅意味着在课程中添加编程、数据分析等技能训练，还包括对网络安全、数字伦理等内容的教育。例如，学生应从小学习如何安全地使用互联网，理解个人数据的重要性以及如何保护自己的隐私。

2.鼓励批判性思维与创新

鼓励学生发展批判性思维，不仅要学习现有的知识和技能，还要培养质疑、探索和创新的能力。可以通过以项目为本的学习方法，让学生在实践中解决实际问题，同时激发他们的创造力和解决问题的能力。此外，学校应提供更多机会让学生接触最新的科技和研究知识，了解数字革命最前沿的信息。

3.提升教师的数字技能

通过社会教育推动数字革命还需要提升教师自身的数字技能。教师是学生学习的引导者和榜样，他们自身对数字技术的理解和使用能力直接影响教学质量和效果。因此，持续的教师培训和专业发展在这一过程中至关重要。培训内容不仅包括技术技能，还应包含如何将这些技能和知识有效地融入教学中。

4.缩小数字鸿沟

社会教育还需要致力于缩小数字鸿沟。这意味着要确保所有学生，无论在城市还是在农村，不论经济条件如何，都能获得高质量的数字教育。政府和教育部门可以通过提供硬件设备、改善互联网基础设施、开发在线教育资源等措施，为所有学生创造平等的学习机会。

5.促进生态系统内的合作

数字化时代的社会教育离不开政府、学校、企业和社会组织之间的合作。企业可以通过提供实习机会、捐赠设备或共同开发教育内容与学校合作，帮助学生更好地理解数字世界的机会和挑战。同时，非政府组织和社会团体也可以通过开展公益项目为教育资源匮乏的地区提供支持。

5.4　区块链的现实影响与展望

探讨区块链技术面临的挑战与问题不仅是对当前困境的反思，更是对未来可能性的深入探索。通过深入分析和应对这些挑战，我们可以更好地利用区块链技术的潜力，推动社会向更加公平、透明和高效的方向发展。区块链技术的未来充满无限可能，但这需要我们共同努力，既要勇于探索新技术的边界，也要通过智慧解决伴随而来的挑战。

5.4.1　区块链的现实影响

自比特币问世以来，区块链技术已经逐步展现出其在多个领域内的变革潜力。这项技术通过其独特的去中心化、安全、不可篡改和透明度高的特性，不仅改变了金融行业的运作方式，还对供应链管理、数据安全、数字身份认证等多个领域产生了实质性的影响。

1.金融行业的变革

区块链技术最初作为比特币的底层技术而为人们所知。它通过提供一个去中心化的数据库，允许在无须中央机构的情况下进行安全的、不可逆转的交易。这一特性使区块链成为金融创新的热点，尤其是在加密货币、跨境支付、智能合约等领域。例如，加密货币使资金能够快速、低成本地跨越国界流动；而智能合约的应用则为金融交易提供了自动化执行的可能性，极大地提升了效率并降低了成本。

2.供应链管理的革新

在供应链管理领域，区块链技术的应用提供了更高级别的透明度和可追溯性。每个产品从生产至最终到消费者手中的每一个环节都可以被记录在区块链上，任何人都无法篡改这些记录。这不仅帮助企业更有效地监管和管理供应链，还为消费者提供了产品的真实信息。例如，消费者可以通过扫描产品上的二维码，了解其来源、加工和运输的整个过程。

3.数据安全与隐私保护

在数据泄露事件频发的当下，区块链技术提供了一种新的数据保护机制。由于区块链的去中心化和加密特性，个人数据可以更安全地存储和传输。此外，通过使用区块链创建的数字身份，用户可以控制自己的个人信息，只向需要验证的服务提供必要的信息，从而保护自己的隐私。

4.数字身份的确立

在数字化社会中，确立安全可靠的数字身份变得尤为重要。区块链技术可以创建一个不可伪造且易于验证的数字身份系统。每个人的数字身份都是区块链上独一无二的记录，这个记录包含了所有相关的身份信息和历史交易。这种数字身份的应用范围非常广泛，从简化登录和验证流程到为没有银行账户的人提供金融服务等。

5.4.2 区块链的未来展望

自2008年诞生以来，区块链技术已经从最初的加密货币应用领域扩展到了金融、供应链、医疗、政务等多个领域。未来，区块链技术的发展和应用将在以下几个方向上进一步拓展。

1.技术成熟度提升

随着技术研究的深入和实践应用的累积，区块链技术的成熟度将不断提升，技术问题（如扩展性、互操作性等）将得到有效解决。

2.行业应用深化

区块链将在现有的金融、供应链管理、版权保护等领域深化应用，并拓展到更多行业，如医疗健康、教育、能源等。

3.与其他技术融合

区块链技术与人工智能、物联网、大数据等新兴技术融合，将产生新的应用场景和商业模式。

4.监管和标准化

随着区块链技术的广泛应用，相关的法律法规和标准体系也将逐步完善。

区块链技术应用领域在未来的扩展方向如图1–16所示。

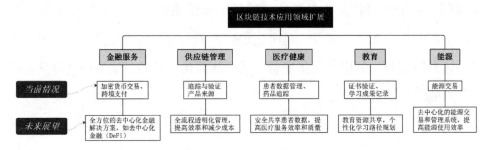

图1–16 区块链技术应用领域扩展

区块链技术的未来广阔，它不仅将在多个领域内深化应用，还将与其他技术融合，创造出新的商业模式和社会价值。随着技术的不断成熟和行业应用的深入，以及相关法律法规和标准化工作的推进，区块链技术将更好地服务于经济发展和社会进步。面对技术发展过程中出现的挑战，需要行业、学界、监管机构和公众共同努力，通过技术创新和政策指导，推动区块链技术健康、可持续发展。

第六章

区块链技术未来趋势
解读与人才需求分析

随着数字化发展不断加快，区块链技术已经迎来了其发展的黄金时代。作为一项颠覆性技术，区块链技术不仅重塑了数字交易的安全性和透明性，也为多个行业的创新提供了无限可能。本章将深入探讨区块链技术的未来趋势，特别是它与AI的融合、在物联网中的应用以及未来的人才需求和技术挑战，为读者揭开区块链未来发展的神秘面纱。

6.1　区块链技术与 AI 融合的未来之谜

区块链技术和AI作为21世纪初最受瞩目的两项技术，它们的融合被认为是开启未来科技革命的钥匙。区块链技术的去中心化、不可篡改性和透明性，与AI的学习、推理和自我进化能力相结合，预示着一种全新的智能系统即将诞生。这一部分将探索两者融合的可能性、挑战以及未来的应用场景，为我们揭开未来之谜。

6.1.1　区块链技术与 AI 融合的必然性与优势

1.AI

区块链技术的基本原理在前文中已经说明了，那么接下来介绍一下AI。AI指的是使机器模拟人类智能行为的科学和工程。它基于以下几个核心原理：

（1）机器学习。AI系统通过算法从大量数据中学习，自动识别模式和特征。这种学习可以是监督学习、非监督学习或强化学习。

（2）神经网络。深度学习技术模拟了人脑的工作方式，通过多层神经网络处理复杂的数据分析任务。每一层神经网络都能处理不同层次的信息，逐步抽象和识别数据中的特征。

（3）自然语言处理（Natural Language Processing，NLP）。AI可以理解、解释和生成人类语言，使机器能够与人类进行有效的交流。NLP技术的应用包括机器翻译、情感分析和聊天机器人。

（4）计算机视觉。AI通过计算机视觉技术识别和处理图像和视频的数据。这包括图像识别、场景理解和图像生成等任务。

2.区块链技术和AI融合的必然性

在了解了AI的核心原理之后，我们从技术互补性、数据安全与隐私保护需求、高效率的追求三个角度出发，来分析两种技术融合的必然性。

（1）技术互补性。区块链技术和AI技术在本质上具有互补性。区块链通过其不可篡改性和去中心化的特性，为数据提供了安全、透明的存储和传输平台。而AI则通过学习和分析这些数据，提取有价值的信息，支持智能决策。这种互补关系使两者的融合成为提高系统效率和安全性的有效手段。

（2）数据安全与隐私保护需求。在数字时代，数据安全和隐私保护是用户最为关心的问题之一。区块链技术提供的安全性和匿名性，结合人工智能技术的数据处理能力，能够在保护用户隐私的同时，有效利用数据资源，这种需求使两种技术的融合成为必然。

（3）高效率的追求。在处理大量数据和复杂运算时，AI可以显著提高效率和准确性。而区块链技术在数据记录、验证和存储方面的高效性，可以为AI提供一个可靠的数据基础。这种追求高效处理信息的需求，促进了两种技术的融合。

3. 区块链技术与AI融合的优势

区块链技术与AI的融合不仅具有强大的技术必然性，其带来的优势也是显而易见的。

（1）提升数据的可信度和安全性。区块链技术的不可篡改性和透明性，为AI系统提供了一个高度安全的数据来源。AI系统可以在区块链上安全地训练和运行，提高了整个系统的可信度和安全性。

（2）优化智能合约。AI可以对区块链上的智能合约进行优化和自动化管理，使合约执行更加智能和高效。例如，AI可以根据市场动态自动调整合约条款，或者根据合约执行的结果自动进行优化调整。

（3）强化决策支持系统。通过分析区块链上的大数据，AI可以为企业和组织提供更准确的决策支持。这种融合不仅可以用于金融市场分析、消费者行为预测，还可以在供应链管理、医疗诊断等领域发挥作用。

（4）开拓新的应用场景。区块链技术与AI的融合，将开拓出许多新的应用场景。例如，在物联网领域，结合AI的区块链技术可以实现更智能的设备管理和数据分析；在健康医疗领域，可以通过分析区块链上的医疗数据来提供个性化的健康建议和治疗方案。

6.1.2　两种技术融合的应用场景

区块链技术和AI各自在数据安全、透明性、自动化处理和智能决策方面展现出了巨大的潜力。当两者结合时，不仅能够相互强化，提供更为安全、高效的解决方案，还能够开辟全新的应用领域。例如，利用AI分析区块链上的大数据，可以提高决策的准确性和效率；而将AI决策过程和结果记录在区块链上，则能够提高透明性和可追溯性。随着技术不断进步，区块链技术与AI的融合将继续推动数字化时代的创新和发展，如表1-23所示，这两种技术融合的应用场景多种多样。

表1-23 两种技术融合的应用场景

应用场景	描述	关键优势
金融服务	利用AI分析交易数据、识别欺诈，区块链技术保证交易安全性	安全性、准确性
供应链管理	区块链技术增加透明性，AI优化库存管理和预测问题	效率提升、成本降低
医疗健康	AI分析区块链上的患者数据、辅助诊断，保护隐私	准确性、隐私保护
智能城市	分析交通数据、优化交通流量，区块链技术保证数据安全性	优化运营、安全性

从加强数据安全性、提升决策质量到开拓新的商业模式，这种融合为多个行业的发展提供了全新的动力和可能性。随着技术不断进步和应用深化发展，未来将会有更多创新的应用场景不断涌现，推动社会向更加智能、高效、安全的方向发展。

6.2 区块链技术在物联网中的应用

在物联网（IoT）的浪潮中，区块链技术被赋予了新的使命。IoT设备产生的海量数据需要安全、高效的管理和传输手段，而区块链技术恰好提供了解决方案。从确保数据的真实性和安全性，到实现设备的自主交易和智能合约，区块链技术正逐步成为IoT领域的核心技术。本节将介绍区块链技术在IoT中的应用，探索它如何改变我们与智能设备互动的方式。

6.2.1 区块链技术与 IoT 的结合

区块链技术与IoT的结合，代表了两种创新技术的融合，旨在解决IoT领域中的核心挑战，如数据安全、隐私保护、设备身份验证和去中心化管理等问题。这种技术融合正在开启全新的应用场景，为智能设备的互联互通带来了革命性的变革。

1.数据安全与隐私保护

IoT设备产生和收集了大量用户数据，包括一些敏感信息。在传统的IoT系统中，数据通常存储在中心化的服务器上，容易成为黑客攻击的目标。区块链技术以其独特的加密性和不可篡改性，为IoT数据提供了一个安全的存储和传输平台。每一笔数据在区块链上都会被加密并分布式存储在网络的多个节点上，即便是在数据传输过程中，也能确保数据的安全性和隐私性，从根本上降低了数据被篡改或泄露的风险。

2.设备身份验证

随着IoT设备数量的激增，如何有效管理和验证每台设备的身份成为一个重大挑战。区块链技术提供了一种可靠的解决方案，通过在区块链上为每个设备分配一个唯一的身份信息，并利用智能合约来管理设备的接入和通信权限，可以有效地防止未经授权的访问和操作。这不仅增强了IoT系统的安全性，还提高了系统管理的效率。

3.去中心化的自主操作

区块链技术与IoT的结合，还促使IoT设备向去中心化的自主操作转变。在传统的IoT系统中，设备的所有操作和决策通常需要通过中心服务器处理。而区块链技术使设备能够在没有中心服务器的情况下直接通信和交换数据，智能合约能够自动执行设备间的协议和交易，这大大减少了人为干预，提高了IoT系统的自主性和效率。

区块链技术与IoT的结合，为解决IoT领域的安全性、隐私保护和设备管理等关键问题提供了新的思路和解决方案。虽然区块链技术与IoT的结合带来了巨大的潜力，但在实际应用过程中仍面临一些挑战，包括但不限于技术整合复杂性、系统扩展性、能源消耗以及法律法规和标准化等问题。

6.2.2　区块链技术在 IoT 中的应用场景

1.智能供应链管理

在供应链管理中，区块链技术可以实现产品从生产到消费的全过程跟踪，所有信息（如原材料来源、生产过程、物流信息等）都会被记录在区块链上。这为消费者提供了透明的产品信息，同时也为供应链管理提供了高效的数据支持。

场景概述：在供应链管理中，区块链技术可以提供透明、不可篡改的产品追踪记录，而IoT设备（如GPS和RFID标签）则实时监控产品的位置和状态。这种融合使从生产到交付的每一步都可以被准确记录和验证，极大地提高了供应链的透明性和效率。

案例分析：一家跨国食品公司使用区块链技术与IoT监控其产品的供应链。IoT设备收集产品从农场到消费者手中的每一环节的数据，包括生产日期、运输条件、到达时间等，并将这些信息实时上传至区块链。消费者通过扫描产品上的二维码就能获知其完整的供应链过程，同时也帮助公司有效防止假冒伪劣产品。

表1-24为传统供应链与区块链+ IoT供应链的对比。

表1-24　传统供应链与区块链+ IoT供应链的对比

	传统供应链	区块链+ IoT供应链
数据透明性	低（信息孤岛问题）	高（全流程记录可查）
实时追踪能力	有限（依赖手动输入）	强（IoT设备自动记录）
反欺诈能力	弱（易被篡改）	强（数据不可篡改）
效率	一般（多环节手动操作）	高（自动化流程）

2.智能家居系统

在智能家居领域，区块链技术可以作为设备间通信的安全基础，使家居设备（如智能锁、温度控制器等）能够安全地共享数据和执行任务。智能合约还可以用来自动化执行家居管理任务，如能源优化、维护调度等。

场景概述：在智能家居系统中，区块链可以提供一个安全的平台，使家中的智能设备（如智能门锁、温度控制器、照明系统等）能够安全地通信和交换数据。智能合约可以自动执行任务，如支付能源费用、调整室温等，提高家居管理的自动化程度和效率。

案例分析：一家智能家居解决方案提供商通过将区块链技术与IoT结合，开发了一个高度安全的智能家居系统。该系统能够自动检测家中的能源使用情况，并通过智能合约自动购买最经济的能源。此外，系统还可以根据居民的日常习惯自动调整家居环境，如调节灯光和温度，在提升居住舒适度的同时降低能源消耗。

表1–25为智能家居系统效率对比。

表1–25 智能家居系统效率对比

	传统家居系统	区块链+ IoT智能家居系统
安全性	一般（中心化风险）	高（去中心化，数据加密）
自动化程度	低（依赖用户输入）	高（智能合约自动执行任务）
能源管理效率	一般（手动调整）	高（自动优化能源使用）
用户体验	一般（需要手动控制）	优（个性化自动调整）

以上内容展示了区块链技术与IoT结合带来的优势，尤其在提高供应链透明性、安全性、自动化程度以及能源管理效率方面具有很大的潜力。随着技术进步和应用深化，未来将看到更多创新的融合应用案例。

6.3　区块链技术人才需求分析与展望

随着区块链技术的迅猛发展，对于具备相关技能的专业人才的需求也在急剧上升。从区块链的基础构建到应用开发，从安全性分析到项目管理，区块链技术的多面性为人才提供了广阔的发展空间。本节将深入分析当前区块链行业的人才需求情况，探讨未来人才培养的方向和策略，以及如何为即将到来的数字化时代做好准备。

6.3.1　区块链岗位人才需求分析

随着区块链技术快速发展和应用范围不断扩大，对于具备相关技能的专业人才的需求也在急剧增加。区块链技术的多样性和复杂性要求从业人员不仅要有扎实的技术基础，还需要具备跨领域的知识和创新能力。

在我国，区块链技术发展紧跟世界区块链技术的发展趋势，经历了区块链1.0、区块链2.0，当前处于区块链3.0的阶段，区块链技术正努力落地与其他行业的融合，主要集中在数字货币、金融服务等领域。目前，我国区块链相关企业数量超过10万家，但多数企业具有规模小、起步晚等特点。

我国区块链产业人才画像主要包括以下特征：

（1）从区块链产业人才年龄段分布来看，35岁以下的人才占比为74.26%，说明区块链产业人才年龄呈现年轻化态势。

（2）从区块链产业人才的工作年限分布来看，工作5年以上的人才占整个行业的68.06%，说明该产业已形成了较为稳定的具备行业知识和实践操作经验的人才基数，他们将是推动我国区块链行业发展的稳定力量。

（3）从区块链产业人才专业分布来看，最多的是计算机科学与技术，为10.47%；软件工程排名第二，占4.3%；工程管理排名第三，占3.43%。这反映了区块链产业当前的发展特点，即以区块链技术为基础，逐渐与多行业融合的格局。

（4）从区块链产业人才的学历分布来看，本科以上学历占比为89.85%。其中，本科占比为67.69%，硕士占比为 21.38%，博士占比为0.78%，这表明大部分区块链产业人才接受过高等教育，但当前具备区块链技术前沿研究能力的人才数量较少。

我国区块链产业人才供需情况主要有以下结论：

（1）在整体供需方面，区块链产业人才供给同比增长持续增加，愿意进入区块链行业的人才增多，随着国家对区块链领域的支持力度逐渐增大，人才需求将持续增加。

（2）在行业供需方面，互联网行业是区块链人才供给排名第一的行业领域，占比为74.02%；其次是金融，占比为10.26%；制药医疗、互联网行业是区块链人才需求最旺盛的两个行业。

（3）在城市供需方面，人才供给与需求前15名的城市多分布在东部地带，中西部以武汉、重庆、成都、长沙、西安为代表，而北京、上海、深圳、广州、杭州位居前五。

我国区块链产业人才平均年薪呈现逐年上涨趋势。从整体薪酬水平来看，区块链产业平均年薪明显高于其他行业，比金融行业高3.27万元，比互联网行业高4.26万元，这说明区块链从业人员的薪酬是具备竞争力的。从岗位薪酬分布来看，架构师平均年薪最高，为49.04万元；其次是嵌入式软件开发，平均年薪为42.64万元；排名第三的是后端开发，平均年薪为30.81万元；其他岗位人才的平均年薪均在30万以下。从城市薪酬分布来看，深圳平均年薪最高，为32.63万元；北京位居第二，为31.68万元；杭州紧随北京之后，以31.41万元的年薪位居第三；上海排名第四，为28.86万元；广州为25.91万元，位居第五。

在区块链产业人才培养方面，以高校专业培养为主，民间教育机构充实专业技能知识为辅，正在形成多层次、各有侧重的高校、职业院校区块链人才培养的格局。各地政府也在与高校、企业携手合作，协调区块链人才供需两端平衡，形成从研究到应用、从培养到就业的闭环，加速"产学研"的有效运作。

区块链产业人才发展主要存在三个方面的问题：一是供需矛盾已经成为制约产业发展的关键因素，尤其是人才供给相对滞后，传统高校的人才培养和信息技术行业人才存量转型难以快速响应产业需求。二是区块链产业人才区域分布不平衡。区块链作为一种新兴技术，在北、上、深、广等一线城市，人才储备与梯队建设都较为完备；但是在中西部城市，人才存量严重影响产业发展。三是区块链产业人才质量难以匹配产业发展需求。区块链产业正处在不断更迭的发展时代，产业内的知识更迭速度极快，对人才的专业化要求程度高，现有的高校人才培养方式尚未形成体系，企业与社会机构的培养力量不足。

在人才培养方面，建议当前区块链产业人才的培养内容以普及区块链知识为基础，以培养区块链产业需要的行业应用人才为核心，持续推动构建以产业发展为导向、由高校与企业共同承担的"产学研"一体化人才培养生态体系。充分发挥高校、企业等多个参与主体的优势资源，从岗位能力标准、课程体系、实践教学体系、人才评价体系、师资队伍等方面助力区块链产业人才培养生态体系。

6.3.2　区块链相关岗位及需要具备的技能

在区块链技术的广泛应用和快速发展中，对于专业人才的需求也随之增加。区块链技术的独特性在于它的去中心化、安全性、透明性以及通过智能合约自动执行合同。为了满足这一领域的复杂需求，岗位分类变得多样化，每个分类都有其特定的技能要求。以下是区块链领域中几个关键岗位的主要职责与技能要求概述。

1.区块链开发人员

（1）主要职责：

负责开发和维护区块链系统和应用，包括智能合约编写和区块链平台开发。

（2）技能要求：

①精通至少一种区块链平台（如以太坊、Hyperledger Fabric）的开发环境和工具。

②熟悉智能合约的开发语言，如Solidity（应用于以太坊）或Chaincode（应用于Hyperledger）。

③对加密算法、数据结构（如哈希树）、P2P网络有深入理解。

④具备软件开发的基本技能，包括版本控制、持续集成、测试驱动开发等。

2.区块链解决方案架构师

（1）主要职责：

设计区块链解决方案的架构，确保技术方案能够满足业务需求，同时具有可扩展性和安全性。

（2）技能要求：

①具有深厚的技术背景，能够理解区块链技术的原理和限制。

②具有强大的业务分析能力，能够将业务需求转化为技术解决方案。

③熟悉云计算、大数据和AI等技术，能够设计集成多种技术的复杂系统。

④具备良好的沟通技能和项目管理能力。

3.区块链项目经理

（1）主要职责：

负责区块链项目的规划、执行和监控，确保项目按时、按预算完成。

（2）技能要求：

①理解区块链技术的基本原理和应用场景。

②具备强大的项目管理能力，熟悉敏捷开发方法。

③具有良好的沟通和协调能力，能够管理跨职能团队。

④具备风险管理能力，能够识别和化解项目风险。

4.区块链安全专家

（1）主要职责：

负责区块链系统的安全性设计和审计，防止存在安全漏洞和被攻击。

（2）技能要求：

①精通区块链的安全机制和常见的安全威胁。

②熟悉智能合约的安全最佳实践和漏洞检测工具。

③能够进行代码审计和安全性测试。

④理解网络安全、操作系统安全和加密技术。

随着区块链技术持续发展和行业应用不断拓展，对区块链人才的需求将进一步增长。未来的区块链专业人才不仅需要具备深厚的技术知识，还需要理解跨领域的应用，包括金融、供应链、医疗等，以及具备创新思维和持续学习的能力。因此，培养能够适应这种多变环境的区块链人才对于推动技术和行业发展至关重要。

第二篇
数字时代的新星
——Web3.0

在当今数字化的时代，我们正目睹着一场革命性的变革，一种被称为Web3.0的新型互联网体系正在崭露头角。Web3.0不仅仅是对互联网技术的简单更新，它更是一场思想的革命，一场重新定义我们对互联网的期许和使用方式的革命。Web3.0承载着去中心化、区块链、智能合约以及加密货币等众多新概念，它们共同构建了一个开放、安全、透明且无边界的网络世界，为我们带来了前所未有的机遇和挑战。

多地政府及行业机构发布了一系列支持Web3.0发展的政策文件。例如，2023年6月13日，上海市发布《上海市"元宇宙"关键技术攻关行动方案(2023—2025年)》，将Web3.0作为主攻方向之一，旨在构建高性能、可扩展、安全可控的新型区块链体系架构，推动其在多领域的应用与创新。

第一章

Web3.0 的革命之路

在本章中，我们将深入探讨Web3.0的奇迹世界，解码其与前代Web版本相比的独特之处，并探秘Web3.0的基本原则。

1.1 解码 Web3.0 的独特之处

随着技术的不断进步和创新，互联网正在经历着新一轮的变革，由此诞生了Web3.0。与前代Web版本相比，Web3.0在多个方面展现出独特之处，包括技术架构、应用场景等。

1.1.1 技术架构的革新

Web3.0的技术架构革新是推动互联网变革的关键因素之一。相比于前代Web版本，Web3.0的技术架构在多个方面都发生了显著的变化，包括去中心化、智能合约等。

1.去中心化的特性

Web3.0最显著的特征之一是其去中心化的特性。传统的Web技术架构依赖于中心化的服务器和数据库来存储和处理数据，而Web3.0则基于分布式账本技术（如区块链技术）实现了数据的去中心化存储和交易。这种去中心化的特性使Web3.0不再依赖于单一中心化机构来控制和管理数据，而是由网络中的所有节点共同维护和管理数据，增强了数据的安全性和可信度。

2.智能合约的应用

智能合约是Web3.0技术架构的另一个重要组成部分，它为去中心化应用提供了自动化和智能化的执行能力。智能合约是一种基于区块链技术的程序代码，可以自动执行合约规定的条款和条件。通过智能合约，用户可以在无须信任第三方的情况下进行交易和协商，实现了去信任化的交易和合约执行。这种智能合约的应用为Web3.0带来了更加高效、安全和透明的交易机制。

1.1.2　应用场景的拓展

Web3.0的出现标志着互联网的新时代来临，其应用场景不仅延续了传统Web应用的优势，还引入了许多全新的应用领域和创新模式。相比于前代Web版本，Web3.0的应用场景更加广泛、多样化，涵盖了金融、社交、物联网、数字身份等多个领域。

1.去中心化金融

去中心化金融是Web3.0最为显著的应用场景之一。通过智能合约和去中心化交易所，用户可以在无须信任第三方的情况下进行数字资产的交易、借贷和投资。去中心化金融为用户提供了更加安全、高效和低成本的金融服务，打破了传统金融体系的壁垒，使资金流动更加快速。去中心化金融的典型应用和发展趋势如图2-1所示。

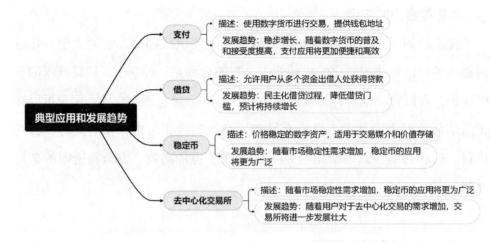

图2-1 去中心化金融的典型应用和发展趋势

2.去中心化应用

去中心化应用是Web3.0的又一重要应用场景，它是建立在区块链技术之上的应用程序，通过智能合约实现应用逻辑的自动执行。去中心化应用具有去中心化、透明和安全等特点，广泛应用于社交媒体、内容创作、游戏、供应链管理等多个领域。用户可以通过去中心化应用实现数据的去中心化存储和交易，提高了数据的安全性和可信度。

3.物联网与智能设备

Web3.0还将应用拓展到了物联网和智能设备领域。通过区块链技术，物联网设备可以实现安全的数据交换和追溯，确保数据的安全性和真实性。智能合约可以用于物联网设备之间的自动化交互和合作，提高了设备之间的智能化程度和效率。Web3.0为物联网和智能设备的发展提供了新的技术支持和应用场景，推动了物联网行业的进步和创新。

1.2 探秘 Web3.0 的基本原则

Web3.0作为互联网的新事物，以其独特的基本原则引领着全新的数字化未来。这些基本原则涵盖了去中心化、开放性、透明性等多个方面，为数字经济发展开辟了全新的道路。本节将深入探讨Web3.0的基本原则。

1.2.1 去中心化的原则

去中心化是Web3.0的核心原则之一，也是其与前代Web版本最显著的不同之处。传统的互联网应用通常依赖于中心化的服务器和数据库来存储和处理数据，有单点故障和被黑客攻击的风险。而Web3.0通过区块链技术实现了数据的去中心化存储和交易，将数据分布式存储在网络中的多个节点上，增强了数据的安全性和可信度。

Web3.0去中心化的原则在不同方面的体现如表2-1所示。

表2-1 Web3.0去中心化的原则

特点	描述
数据存储	采用去中心化存储，将数据分布在网络中的多个节点上，降低了数据泄露和单点故障的风险
网络参与	任何人都可以参与到网络中，无须经过中心化机构的授权和监管，实现了网络的开放性和公平性
权力分配	权力不再集中于少数中心化机构，而是分散到网络中的各个节点，实现了权力的去中心化
效率	一般（多环节手动操作）

1.2.2 开放性的原则

开放性是Web3.0的另一个重要原则，也是其与传统互联网最大的区别之一。在Web3.0时代，任何人都可以参与到网络中，无论是普通用户还是开发者，都可以自由地创建、访问和使用网络中的应用和服务。开放性的原则为创新和合作提供了更加广阔的空间，促进了各种创意和想法的产生和实现。

Web3.0开放性的原则在不同方面的体现如表2-2所示。

表2-2 Web3.0开放性的原则

特点	描述
网络参与	任何人都可以参与到Web3.0网络中，无论是普通用户还是开发者，都可以自由地创建、访问和使用各种应用和服务
创新	Web3.0网络提供了开放的环境和平台，为各种创新和想法的产生和实现提供了更广阔的空间和更多的机会
数据共享	数据在Web3.0网络中公开透明，任何人都可以查看和验证数据的来源和流向，实现了数据的公开共享和可验证性

1.2.3　透明性的原则

透明性也是Web3.0的一个重要原则，也是其相对传统互联网最大的优势之一。在Web3.0时代，数据的流动和交易都是公开透明的，任何人都可以查看和验证数据的来源和流向。通过区块链技术，所有的交易记录都被公开记录在区块链上，确保了数据的真实性和透明性。

Web3.0透明性的原则在不同方面的体现如表2-3所示。

表2-3　Web3.0透明性的原则

特点	描述
数据流动	所有数据流动都被公开记录在区块链上，任何人都可以查看和验证数据的来源和流向，确保了数据流动的透明性和可信度
交易记录	所有交易记录都被公开记录在区块链上，任何人都可以查看和验证交易的发起方和接收方，确保了交易的公开透明和可追溯性
智能合约执行	智能合约执行是公开透明的，任何人都可以查看和验证合约的执行结果和执行条件，确保了合约的安全执行和参与者的权益

上表清晰地展示了Web3.0透明性的原则在数据流动、交易记录和智能合约执行方面的体现。这些原则的实施为用户提供了更加安全、可信的数字环境，增强了用户对网络的信任感和参与度，推动了数字经济的发展和创新。

第二章

深度解析 Web3.0 的
关键特征和前沿技术

在本章中，我们将对Web3.0的关键特征和前沿技术进行深度解析，探讨其背后的原理、应用场景以及未来的发展趋势。

2.1　深度剖析去中心化网络的奇迹世界

随着区块链技术的快速发展，去中心化网络正在成为数字化世界的奇迹之一。去中心化网络不仅改变了传统的中心化网络架构，还为金融、社交、供应链等多个领域带来了颠覆性的变革。本节将深入剖析去中心化网络的特点和优势。

2.1.1　去中心化网络的特点

去中心化是指网络中的数据和控制权不再集中于单一的中心节点，而是分散存储于网络的各个节点之中。这种网络模型消除了传统中心化网络中的单点故障，并提高了网络的韧性和抗攻击能力，其特点包括以下几种：

1.分布式存储

去中心化网络中的数据被分散存储于网络的各个节点之中，而不是集中存储于单一的中心服务器上。这种分布式存储模式使数据更加安全，并且能够有效抵御黑客攻击和避免数据被篡改。

2.共识机制

去中心化网络通过共识机制确保网络中的数据的一致性和正确性。常见的共识机制包括工作量证明、权益证明等，它们通过网络中的节点共同达成一致，保证了数据的可信度。

3.无须信任

去中心化网络通过智能合约等技术实现了无须信任的交易和合作。参与者不需要相互信任，只需要相信网络的规则和算法，从而降低了交易成本和信任成本。

4.开放性和透明性

去中心化网络是开放的网络平台，任何人都可以加入其中并参与网络中的交易和合作。所有交易记录都是公开的、可验证的，确保了数据的透明性和公正性。

去中心化网络与传统中心化网络的特点对比，如表2-4所示。

表2-4　去中心化网络与传统中心化网络的特点对比

	去中心化网络	传统中心化网络
数据存储	分散存储于网络的各个节点	集中存储于中心化服务器
决策权	由网络的参与者共同决定	由中心化机构或个人控制
安全性	较高，分布式存储和加密技术保障	相对较低，易单点故障，易受攻击
透明性	数据记录公开透明，可验证、可查询	数据记录不透明，信息掌握在中心化机构手中
信任	无须信任的交易和合作	需要信任中心化机构或个人

2.1.2　去中心化网络的优势

去中心化网络顾名思义是指网络中不存在一个中心化的控制点或管理机构，所有节点均处于平等地位，共同维护网络运行和数据的完整性。这种网络架构带来了诸多优势，本节将从安全性、成本节约与效率提升、数据完整性、透明性与信任机制重塑方面详细阐述其优势。

1.安全性

去中心化网络的首要优势在于其出色的安全性。由于网络中的数据分散存储在多个节点上，而非集中在一个中心位置，这使任何针对中心节点的攻击都变得不可行。同时，分布式网络中的每个节点都拥有完整的账本副本，任何数据篡改都会立即被其他节点发现并纠正，从而保证了数据的真实性和完整性。这种安全性对于金融交易、个人信息保护等领域具有极其重要的意义。

去中心化网络与中心化网络的安全性对比如表2-5所示。

表2-5　去中心化网络与中心化网络的安全性对比

	去中心化网络	中心化网络
数据存储方式	分布式存储	中心化存储
安全性	高（无中心节点可攻击）	低（中心节点易成为攻击目标）
数据篡改风险	低（会立即被其他节点发现并纠正）	高（中心节点可能被篡改）
数据完整性保障	高（冗余备份机制）	低（依赖中心节点维护）

2.成本节约与效率提升

去中心化网络能够有效节约成本。传统的中心化网络需要投入大量资源来维护中心服务器和数据中心，而去中心化网络则通过分散数据存储和处理任务到众多独立的节点上，减少了对中心化硬件设施的依赖。此外，去中心化网络改善了共享资源的使用率，提高了信息交换和传输的效率。这是由于网络中不存在中心化的控制点，每个节点都可以与其他节点直接通信和交换信息，这大大减少了数据传输的延迟和成本。

去中心化网络与中心化网络的成本与效率对比如表2-6所示。

表2-6 去中心化网络与中心化网络的成本与效率对比

	去中心化网络	中心化网络
运营成本	低（无须中心化硬件设施）	高（需要维护中心服务器和数据中心）
维护成本	低（节点共同维护）	高（依赖专业技术人员或机构）
交易成本	低（无中介环节）	高（需要中介机构参与）
交易效率	高（点对点直接交互）	低（依赖中心节点处理）

3.数据完整性

去中心化网络通过分布式存储和冗余备份机制，保证了数据的完整性。在中心化网络中，一旦中心节点发生故障或被攻击，数据可能会丢失或损坏。而去中心化网络中的每个节点都存储有完整的数据副本，即使部分节点出现故障，数据也可以从其他节点恢复，从而保证了数据的可靠性和持久性。

4.透明性与信任机制重塑

去中心化网络带来了前所未有的透明性。在传统的中心化网络中，数据存储和处理往往由中心机构控制，这可能导致信息的不透明和滥用。而去中心化网络通过公开、透明的账本和共识机制，使得网络上的所有交易和信息更新都可以被所有参与节点查看和验证。这种透明性不仅提高了信息的真实性和可靠性，还有助于建立更加公正和透明的社会信任机制。

2.2 用户掌握的身份和数据

在数字化时代，用户掌握的身份和数据成为互联网生态中的核心要素。这些数据不仅关乎用户的个人隐私，也影响着企业的运营策略、市场的竞争格局，甚至国家的信息安全。因此，深入理解用户身份和数据的内涵、特性及其影响，对于构建健康、安全的网络环境具有重要意义。

2.2.1 用户身份的多重性

用户身份是指在网络空间中用户所展示和确认的自身信息。这些信息可能包括用户的姓名、性别、年龄、职业等基本信息，也可能包括用户的兴趣偏好、消费习惯等深层次信息。用户身份的多重性体现在：不同的网络平台和场景下，用户可能展现出不同的身份特征。例如，在社交媒体上，用户可能以朋友的身份出现，分享生活点滴；而在电商平台，用户则可能以消费者的身份出现，关注商品信息和优惠活动，如图2-2所示。

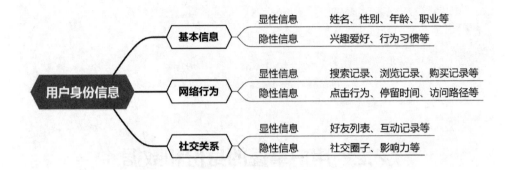

图2-2 用户身份信息

2.2.2　用户身份和数据的价值

用户身份和数据的价值如表2-7所示。

表2-7　用户身份和数据的价值

类型	解释
个性化服务	通过对用户身份和数据的分析，企业可以为用户提供个性化的推荐和服务，提高用户满意度和忠诚度
市场分析	用户数据是企业进行市场分析的重要依据，有助于企业了解市场趋势、竞争态势和用户需求，为企业的决策提供支持
风险评估	通过对用户身份和数据的监测，企业可以及时发现潜在的风险和问题，如欺诈行为、恶意攻击等，从而采取相应的措施进行防范

不同类型的用户数据会被用来做不同的分析应用，如图2-3所示。

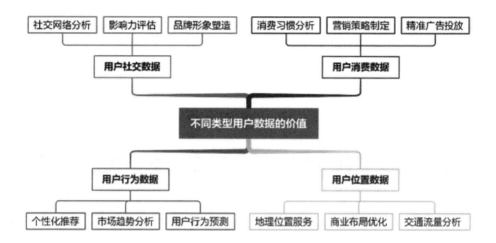

图2-3 用户数据价值的体现

2.3　探索语义网和智能数据的数字魔法世界

在Web3.0时代的浪潮中，语义网和智能数据如同两位魔法师，引领我们走进一个充满奇幻的数字世界。语义网以其独特的语义理解能力，让数据之间建立起前所未有的联系；而智能数据则凭借其强大的分析能力，从海量的数据中提炼出有价值的信息。这两者相互交织，共同构筑了一个充满无限可能的数字魔法世界。

2.3.1　语义网的魔法世界

语义网作为Web3.0的核心概念，旨在通过赋予数据明确的含义和关系，实现机器对信息的深度理解和智能处理。在这个魔法世界中，每一个数据元素都不再是孤立的，而是相互连接、相互影响的。通过本体、资源描述框架等语义描述技术，语义网使数据具备了自我描述和推理的能力，从而实现了信息的高效流通和智能应用。

1.数据的语义化表达

语义网的核心在于实现数据的语义化表达。通过运用本体和资源描述框架等技术，数据被赋予了明确的含义和关系。这使机器能够像人类一样理解数据的意义，从而实现信息自动化处理和智能分析。

2.信息的智能推理

在语义网的世界中，信息不再是静态的，而是可以根据上下文和规则进行智能推理。通过构建复杂的语义规则和推理引擎，机器能够自动推导出新的知识和信息，从而扩展了人类知识的边界。

3.跨领域的数据融合

语义网打破了数据之间的壁垒，实现了跨领域的数据融合。无论是医疗、教育、金融还是其他行业，语义网都能够将不同领域的数据进行关联和分析，从而发现新的价值和应用场景。

2.3.2 智能数据的魔法世界

智能数据作为大数据时代的产物，以其强大的分析能力和应用价值，成为数字魔法世界中的另一位魔法师。通过对海量数据的深度挖掘和分析，智能数据能够帮助我们发现数据中的规律和趋势，为决策提供有力支持。

1.数据的深度挖掘

智能数据的核心在于对数据进行深度挖掘。通过运用机器学习、深度学习等技术，智能数据能够从海量的数据中提取出有价值的信息和知识。无论是用户行为分析、市场趋势预测还是风险评估，智能数据都能够提供精准的洞察和预测。

2.数据的可视化呈现

智能数据不仅能够进行深度挖掘，还能够将分析结果以可视化的形式呈现。通过图表、图像等直观的方式，智能数据能够帮助人们更好地理解数据背后的含义和价值，从而做出更明智的决策。

3.数据驱动的决策支持

智能数据为决策提供了有力的支持。通过对数据的分析和预测，智能数据能够帮助企业发现市场机会、优化产品策略、提升运营效率。同时，智能数据还能够为政府提供科学的政策建议和决策依据，推动社会的可持续发展。

2.4 数字重构：区块链技术在 Web3.0 中承担什么样的角色?

随着信息技术迅猛发展，互联网正在经历一场深刻的变革，从以信息为中心的Web1.0时代，到以用户为中心的Web2.0时代，再到如今以去中心化、数据主权和智能合约为核心的Web3.0时代。在这一系列的演变中，区块链技术以其独特的优势，正在成为构建Web3.0的关键支撑力量。本节将探讨区块链技术在Web3.0中扮演的角色及其对数字重构的影响。

2.4.1 区块链技术的核心优势

区块链技术作为一种去中心化的分布式账本技术，具有不可篡改、透明可追溯、安全可信等核心优势，如图2-4所示。

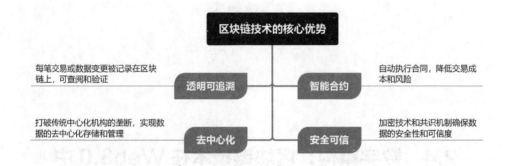

图2-4 区块链技术在Web3.0中的核心优势

2.4.2　区块链技术在 Web3.0 中的应用场景

在Web3.0时代，区块链技术的应用场景十分广泛。几个典型的应用场景如图2-5所示。

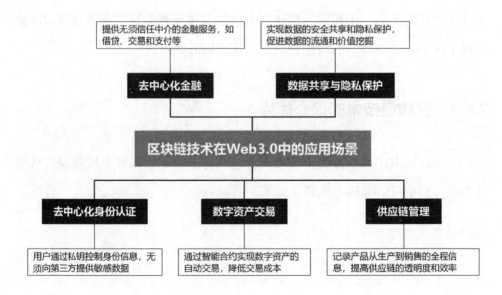

图2-5 区块链技术在Web3.0中的应用场景

2.4.3 区块链技术推动 Web3.0 的发展

区块链技术作为Web3.0的核心技术之一，正在推动整个数字世界重构。通过去中心化、数据主权和智能合约等特性，区块链技术为Web3.0提供了更加安全、透明和高效的解决方案。

随着区块链技术不断发展和完善，未来的Web3.0将实现更加广泛的去中心化应用和服务。用户可以更加自由地掌控自己的数据和资产，享受更加便捷和安全的数字生活。

同时，区块链技术也将促进数字经济的繁荣发展。通过智能合约和去中心化金融等应用，区块链技术将为数字经济提供更加高效和透明的交易和融资方式，推动经济的数字化和智能化转型。

2.5　智能契约的魔法：智能合约和去信任化 应用如何引领数字创新之路？

在Web3.0浪潮的推动下，智能合约与去信任化应用正在逐步改变我们的世界。它们不仅仅是技术进步的产物，更是数字创新之路上的重要里程碑。智能合约的自动化执行与去信任化应用的无中介特性，为众多领域带来了前所未有的变革。

2.5.1　智能合约：数字世界的魔法契约

智能合约顾名思义是一种自动执行、自动验证的合同，它的出现彻底颠覆了传统合约的运作模式，实现了去信任化的交易过程。

智能合约的本质是一段存储在区块链上的代码，这段代码包含了合约的条款和条件，以及执行这些条款和条件所需的所有逻辑。一旦满足了预设的条件，智能合约便会自动执行，无须任何第三方机构介入。智能合约与传统合约的对比如表2-8所示。

表2-8 智能合约与传统合约的对比

	智能合约	传统合约
执行方式	自动执行	人工执行
验证方式	自动验证	人工验证
信任基础	技术本身	第三方机构
交易成本	低	高
交易效率	高	低

在数字创新领域，智能合约的应用场景日益丰富。从金融领域的去中心化交易、跨境支付，到供应链管理、知识产权保护，再到物联网设备的自动化管理，智能合约正在不断拓展其边界，为各行各业带来前所未有的变革。

智能合约的出现不仅提高了交易的效率，更重要的是，它实现了去信任化的交易过程。在传统合约中，信任是交易的基础，而智能合约则通过区块链的不可篡改性和去中心化特性，消除了信任问题。在智能合约的世界里，信任不再是交易的瓶颈，而是被技术本身替代。

2.5.2 去信任化应用：重塑数字世界的信任机制

去信任化作为智能合约的重要特性之一，正在深刻改变着数字世界的信任机制。在传统社会中，信任往往依赖于中介机构或第三方机构担保；而在数字世界中，去信任化应用正在逐步打破这一局面。

去信任化应用首先体现在金融领域。传统的金融体系高度依赖于银行、清算机构等中介机构，这些机构在交易中扮演着信任担保的角色。然而，这些中介机构的存在不仅增加了交易成本，还可能引发信任危机。而智能合约和去信任化应用使金融交易可以直接点对点进行，无须中介机构介入，从而降低了交易成本，提高了交易效率。

此外，去信任化应用还在供应链管理、物联网等领域发挥着重要作用，如图2-6所示。

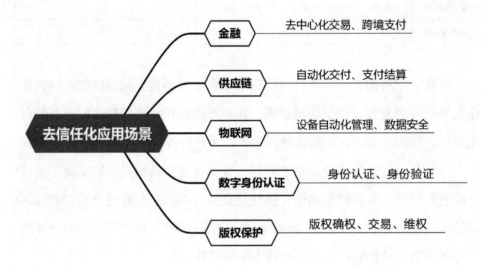

图2-6 去信任化应用场景

去信任化应用不仅提高了交易的效率和安全性，还重塑了数字世界的信任机制。在智能合约和区块链技术支持下，信任不再依赖于中介机构或第三方机构，而是建立在技术本身的基础上。这种信任机制的变革，为数字世界的发展注入了新的活力。

第三章

探索 Web3.0 引领的
多领域应用奇迹

Web3.0正以其独特的去中心化、智能化和安全性的特点，引领多领域应用的发展潮流。在金融领域，Web3.0推动去中心化金融应用兴起，重塑金融交易模式；在社交娱乐领域，Web3.0借助虚拟现实技术，为用户带来沉浸式互动体验；在物联网领域，Web3.0实现设备间的高效通信，推动智能制造革新。此外，Web3.0还在教育、医疗、公共服务等领域发挥引领作用，促进信息共享、提升服务效率。

3.1　去中心化应用

在数字化浪潮席卷全球的今天，去中心化应用（DApp）作为区块链技术的重要应用之一，正日益受到人们的关注。DApp以其独特的去中心化、安全性和透明性等特点，为各个领域带来了全新的解决方案和商业模式。

3.1.1　DApp 的概念与特点

DApp即去中心化应用，是指运行在分布式计算网络（如区块链）上的应用程序。与传统的中心化应用不同，DApp不依赖于任何中心化的服务器或第三方机构，而是通过网络中的多个节点进行数据存储、处理和传输，如表2-9所示。

表2-9 DApp与传统应用的对比

	DApps	传统应用程序
中心化程度	去中心化	中心化
数据安全性	高	中等
透明性	公开透明	部分透明或不透明
自主性	高	低

这种分布式特性使得DApp具备以下显著特点：

1.去中心化

DApp不依赖于任何中央机构或单一服务器，而是由网络中的多个节点共同维护。这种去中心化的结构使DApp具有更高的可靠性和抗攻击能力，有效避免了单点故障和中心化机构可能带来的风险。

2.安全性

区块链技术为DApp提供了强大的安全保障。通过加密算法和共识机制，DApp能够确保数据的完整性和真实性，防止数据被篡改或伪造。同时，执行智能合约也保证了交易的自动化和安全性。

3.透明性

DApp的所有操作和数据都是公开透明的，任何用户都可以查看和验证。这种透明性有助于建立信任，减少欺诈和恶意行为的可能性。

4.自主性

DApp的运行不受任何第三方机构的控制或干预。开发者可以根据需要自由部署和更新DApp，而无须经过中心化机构的审核或批准。

3.1.2　DApp 的应用领域与案例

DApp的广泛应用为各行各业带来了创新和变革。典型应用领域与案例如图2-7所示。

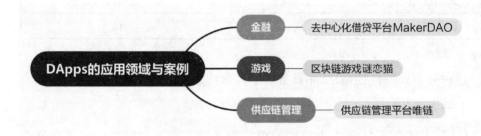

图2-7 DApp的应用领域与案例

1.金融领域

DApp在金融领域的应用尤为突出。去中心化金融应用通过智能合约实现了无须信任的交易和借贷，为用户提供了更加便捷和安全的金融服务。例如，MakerDAO是一个基于以太坊的去中心化借贷平台，用户可以在平台上进行抵押借贷和稳定币发行，实现了资产的自由流通和增值。

2.游戏领域

DApp在游戏领域也展现出了巨大的潜力。通过区块链技术，游戏内的资产和奖励可以真正实现归属权和流通性。例如，谜恋猫（CryptoKitties）是一个基于以太坊的区块链游戏，用户可以在游戏中收集、繁殖和交易虚拟猫咪，每只猫咪都是独一无二的数字资产，具有真实的经济价值。

3.供应链管理领域

DApp在供应链管理领域的应用也备受关注。通过区块链技术，DApp可以确保供应链中的数据和信息的真实性和可靠性，减少欺诈和错误。例如，唯链（VeChain）是一个专注于供应链管理的DApp平台，通过结合区块链技术和物联网设备，为企业提供了从原材料采购到产品销售的全程追溯和验证服务，提高了供应链的透明性和效率。

3.2　去中心化金融

DeFi是DApp在金融领域的重要应用，其通过智能合约和区块链技术，打破了传统金融体系的边界，为用户提供了无须信任、透明且高效的金融服务。

3.2.1　DeFi 的定义与原理

DeFi是指通过区块链技术和智能合约构建的开放、透明、无须信任的金融应用。它旨在通过去中心化的方式，为用户提供借贷、交易、支付等金融服务，无须传统金融机构参与。DeFi的原理主要基于智能合约的自动化执行和区块链的不可篡改性，确保交易安全和可靠。DeFi与传统金融服务的对比如表2-10所示。

表2-10 DeFi与传统金融服务的对比

	DeFi	传统金融服务
中心化程度	去中心化	中心化
信任需求	无须信任	需要信任中介

	DeFi	传统金融服务
交易速度	较快（取决于区块链性能）	较快
交易成本	低	较高
跨境支付	方便、低成本	可能面临烦琐的手续和高昂的费用
资产安全性	依赖于区块链安全	依赖于中心化机构的安全措施

3.2.2　DeFi的主要应用与产品

DeFi的应用广泛且多样，主要包括以下几个方面：

1.借贷

去中心化借贷平台允许用户以加密资产为抵押进行借贷，无须传统金融机构介入。如Compound、Aave等平台，提供了高流动性的借贷市场，为用户提供了灵活的资金利用方式。

2.稳定币

稳定币是与某种资产（如美元）挂钩的加密货币，其价格相对稳定。通过智能合约，稳定币可以在DeFi平台上进行交易和支付，为用户提供了一种可靠的价值储存和转移方式。

3.去中心化交易所

与传统交易所不同，去中心化交易所无须中心化机构的参与，用户可以直接通过智能合约进行资产的交易和兑换。如Uniswap、SushiSwap等平台，提供了高效、低成本的交易服务。

3.3 社交媒体与内容创作

随着Web3.0时代的到来，社交媒体和内容创作领域正经历着前所未有的变革。区块链技术、去中心化应用以及加密资产的兴起，为社交媒体平台和内容创作者带来了全新的机遇和挑战。

3.3.1 Web3.0 时代的社交媒体变革

Web3.0作为互联网的下一个发展阶段，其核心理念是去中心化、安全性和用户数据的真正所有权。在这一背景下，社交媒体平台正逐渐摆脱传统的中心化模式，向着更加开放、透明和公平的方向发展。

传统的社交媒体平台往往由中心化的机构控制，用户数据被集中存储和处理，这导致了隐私泄露、数据滥用等问题。而在Web3.0时代，去中心化的社交媒体平台开始崭露头角，它们利用区块链技术实现数据的分布式存储和加密处理，确保了用户数据的隐私和安全。

Web3.0时代的社交媒体还引入了加密资产的概念，使得用户可以真正拥有和掌控自己的数字资产。通过持有平台代币或参与平台的治理机制，用户可以享受到更多的权益和收益，进一步激发了用户的参与度和活跃度。

3.3.2 内容创作与版权保护的新模式

在Web3.0时代，内容创作也迎来了新的变革。传统的版权保护模式往往依赖于中心化的机构或平台，但这种方式存在着诸多弊端，如版权认证过程烦琐、维权成本高等。而区块链技术的引入，为内容创作者提供了全新的版权保护模式。

由于区块链的不可篡改性和去中心化特性，内容创作者可以将自己的作品上链，生成唯一的数字指纹，从而确保其作品的真实性和原创性。一旦作品被侵权，创作者可以凭借区块链上的证据进行维权，大大降低了维权的难度和时间成本。

此外，Web3.0时代的社交媒体平台还为内容创作者提供了更多的收益渠道。通过智能合约和加密资产的结合，平台可以实现内容创作者与用户的直接交易，使创作者能够直接从自己的作品中获得收益，而不是依赖于平台的广告分成或打赏机制。

可见，Web3.0时代为内容创作者带来了更高的收益和更为有效的版权保护措施。随着技术不断进步和应用场景不断拓展，我们有理由相信内容创作者在Web3.0环境下的收益将得到进一步提升。

3.4　AI 与 Web3.0 的整合

在Web3.0时代，AI成为推动技术革新的重要力量。它不仅在Web3.0的生态系统中扮演着核心角色，还促进了各种应用场景的创新。

3.4.1　AI 与 Web3.0 的结合点

AI与Web3.0的结合点主要体现在数据驱动、自动化和去中心化等方面。Web3.0为AI提供了更为丰富的数据来源，如分布式账本中的交易记录、智能合约的执行日志等，使AI能够基于这些数据进行深度学习和优化。同时，AI技术也推动了Web3.0应用的自动化，例如通过智能合约实现自动化交易、通过AI算法实现自动化的内容推荐等。

3.4.2　AI 在 Web3.0 中的应用案例

1.智能合约审计

AI在智能合约审计中的应用主要体现在利用机器学习算法和自然语言

处理技术来识别合约中的潜在漏洞和错误。通过对大量智能合约的分析和学习，AI能够建立起合约代码的模式识别能力，从而发现异常或潜在的风险点。

2.个性化内容推荐

AI在个性化内容推荐中的应用主要基于推荐算法和用户行为分析。通过收集用户的浏览记录、点击行为、搜索历史等信息，AI可以构建出用户的兴趣模型。然后，基于这些兴趣模型，AI可以为用户推荐符合其喜好的内容，提高用户满意度和平台活跃度。

3.智能身份验证

AI在智能身份验证中的应用主要体现在生物特征识别和行为分析上。通过计算机视觉技术，AI可以识别用户的面部特征、指纹等生物信息，从而进行身份验证。同时，AI还可以分析用户的行为模式，如键盘敲击习惯、鼠标移动轨迹等，进一步提高身份验证的准确性和安全性。

3.5 云计算与去中心化存储

云计算与去中心化存储作为Web3.0的两大核心技术，正在共同推动新一轮的科技创新与数字化变革。云计算以其强大的计算能力和灵活的服务模式，为Web3.0提供了坚实的技术支撑；而去中心化存储则以其高效、安全和可扩展的特性，成为Web3.0时代数据存储的重要选择。

3.5.1 云计算在 Web3.0 中的角色

云计算作为信息时代的一大技术飞跃，为企业提供了前所未有的数据存储、处理和使用能力。在Web3.0的生态系统中，云计算扮演着多重角色，成为推动业务创新和技术进步的重要力量。

1.强大的计算能力

通过云计算平台，企业可以灵活调用计算资源，实现数据实时处理和分析。这不仅提高了企业的业务处理效率，还为创新应用提供了无限可能。例如，基于云计算的人工智能算法可以实现对海量数据的深度学习和模式识别，从而为企业提供更精准的市场预测和决策支持。

2.在线共享和实时响应

通过云计算平台，用户可以随时随地访问和共享数据资源，实现跨地域、跨组织的协同工作。同时，云计算的弹性伸缩能力可以确保在高峰时段或突发情况下，系统仍能保持稳定运行和高效响应。

3.提升了服务水平和数据安全性

通过采用先进的加密技术和安全协议，云计算平台可以确保用户数据的安全性和隐私性。同时，云计算的自动化管理和智能监控功能可以帮助企业及时发现和应对潜在的安全风险，提高整体的安全防护能力。

3.5.2 去中心化存储的原理与优势

去中心化存储是一种基于区块链技术的分布式存储模式。它通过将文件或数据分片存储在多个不同的节点上，实现了数据的去中心化管理和高度安全性。与传统的中心化存储相比，去中心化存储具有以下显著优势：

1.低成本

去中心化存储不需要依赖中心化的服务器或数据中心，因此可以大大降低存储成本。用户可以根据需求选择合适的存储节点，实现资源的灵活利用。去中心化存储的成本与效率分析如表2-11所示。

表2-11 去中心化存储的成本与效率分析

存储类型	平均每月1TB的费用／美元	效率
去中心化存储	2.11	高
中心化存储	9.88	中等

2.高可用性

由于数据分散存储在多个节点上，即使部分节点出现故障或被攻击，数据仍然可以从其他节点中恢复。这种去中心化的特性使去中心化存储具有极高的可用性和容错能力。

3.安全性增强

去中心化存储采用区块链技术确保数据的完整性和真实性。每个存储节点都会对数据进行验证和加密处理，确保数据在传输和存储过程中不被篡改或泄露。

4.可扩展性

去中心化存储具有良好的可扩展性。当用户需要增加存储容量时，只需增加新的存储节点即可，无须对整个存储系统进行升级或扩展。

第四章

Web3.0 与区块链项目的融合之道

　　Web3.0与区块链技术的融合背景源于对互联网迭代发展的需求，旨在解决Web2.0带来的生态不平衡、发展不透明等问题。区块链技术以其去中心化、透明性和安全性等特点，为Web3.0提供了坚实的基础。

4.1　创新的交响曲：以太坊及其他区块链平台

伴随着区块链技术与Web3.0的深度融合，以太坊作为其中的佼佼者，以其智能合约和DApp的强大功能，引领着Web3.0时代的发展。同时，EOS、波卡（Polkadot）等其他区块链平台也在积极探索创新，它们与以太坊相互协同，共同构建了一个丰富多彩的区块链生态。这些平台不仅提供了强大的技术支持，还为开发者提供了丰富的工具和资源，推动了Web3.0应用的快速发展。

4.1.1　以太坊：Web3.0 的核心引擎

以太坊作为区块链技术的杰出代表，自诞生以来便以其独特的技术特性和生态优势，成为Web3.0时代的核心引擎。它不仅仅是一个简单的数字货币平台，更是一个去中心化的应用平台，为开发者提供了构建和运行去中心化应用的强大工具。

以太坊的技术特性体现在其智能合约的灵活性上。智能合约是以太坊的核心组成部分，它允许开发者在区块链上编写和执行自定义的合约逻辑。这种灵活性使以太坊能够支持各种复杂的去中心化应用，包括但不限于DeFi、非同质化代币以及游戏等。通过智能合约，以太坊实现了价值的自由流转和可编程性，为Web3.0提供了坚实的技术支撑。

在Web3.0应用中，以太坊的典型案例不胜枚举。以DeFi为例，通过智能合约，开发者在以太坊上构建了一系列去中心化金融应用，如借贷、交易、稳定币等。这些应用打破了传统金融的壁垒，为用户提供了更加便捷、透明和安全的金融服务。此外，NFT的兴起也离不开以太坊的支持。在以太坊上，艺术家和创作者可以将自己的作品转化为NFT，实现数字资产的确权和交易。

以太坊的网络活跃度与交易量增长趋势如表2-12所示。

表2-12 以太坊的网络活跃度与交易量增长趋势

	日活跃用户／万	平均每日交易次数／万
2022年Q4	280.123	850.456
2023年Q1	310.789	930.234
2023年Q2	340.588	1046.592
2023年Q3	365.234	1120.876
2023年Q4	380.987	1180.345

从表中可以看出，随着Web3.0时代的到来，以太坊的网络活跃度和交易量呈现出持续增长的态势。这充分说明了以太坊在Web3.0中的广泛应用和存在的巨大潜力。

4.1.2　其他区块链平台的协同发展

在以太坊的引领下，众多主流区块链平台也在积极发展，共同推动Web3.0时代的到来。这些平台各具特色，拥有不同的技术特点和优势，为Web3.0生态的多元化发展提供了有力支持，如图2-8所示。

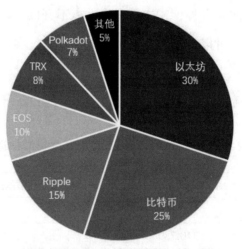

图2-8 主流区块链平台市场份额对比

比特币作为区块链技术的鼻祖，虽然其应用场景相对单一，但其强大的安全性和去中心化特性仍为Web3.0提供了重要的基础设施。比特币的成功激发了更多人对区块链技术的兴趣和探索，为整个行业的发展奠定了坚实的基础。

EOS、TRX等区块链平台也在快速发展。这些平台通过优化性能、降低交易费用等方式，提高了区块链技术的实用性和普及度。它们为开发者提供了更加友好的开发环境和工具，使更多的应用能够在区块链上得以实现。

　　这些主流区块链平台与以太坊形成了良好的协同发展态势。它们之间既有竞争也有合作，共同推动着区块链技术进步和应用场景拓展。通过互相学习和借鉴，这些平台不断优化自身的技术特性和生态优势，为Web3.0时代的到来提供了更加坚实的基础。

4.2　去中心化存储的引领者：星际文件系统

4.2.1　星际文件系统的工作原理与优势

星际文件系统（Inter Planetary File System，IPFS）是一种基于内容寻址的新型超媒体协议，旨在通过构建一个去中心化的文件存储和访问系统，解决传统互联网中数据冗余、单点故障以及审查等问题。其工作原理的核心在于将文件内容通过哈希算法转化为唯一的地址，实现文件的去中心化存储与访问。

在Web3.0时代，IPFS的应用价值越发凸显。随着互联网快速发展，数据量的爆炸式增长给传统的中心化存储带来了巨大的压力。而IPFS的去中心化存储机制不仅可以有效缓解这一压力，还可以提供更加安全、可靠的数据存储服务。此外，IPFS还可以为Web3.0应用提供高效的内容分发和访问机制，提高应用的性能和用户体验。

IPFS项目历程如表2–13所示。

表2-13 IPFS项目历程

2014年5月	IPFS项目启动，协议实验室成立
2015年1月	协议实验室向全球发布IPFS
2017年	IPFS团队宣布成立Filecion项目
2018年5月	第一届IPFS大会召开，个人IPFS能够在移动设备上运行
2019年2月	Filecion生态语言代码正式开放
2020年10月	Filecion在全球六百多家交易所正式上线

随着IPFS技术的不断推广和应用，网络节点数和存储量均呈现出快速增长的趋势。这充分说明了IPFS在数据存储和访问领域的巨大潜力和广泛应用前景。

4.2.2 IPFS 在 Web3.0 项目中的应用实践

IPFS在Web3.0项目中的应用实践已经取得了显著的成果。许多典型的Web3.0项目都采用了IPFS作为其数据存储和访问的解决方案，充分发挥了IPFS的去中心化存储和高效访问优势。

以去中心化文件存储应用为例，通过结合IPFS的去中心化存储机制，用户可以将文件上传到网络中，并获取文件的唯一哈希值。其他用户可以通过这个哈希值在IPFS网络中获取到该文件，实现了文件的去中心化存储和共享。这种应用模式不仅解决了传统中心化存储的数据安全和隐私保护问题，还降低了数据存储和访问的成本。

IPFS还为去中心化应用提供了高效的内容分发机制。通过利用IPFS网络中的节点间数据共享和传输机制，可以实现对内容的快速分发和访问。这对于需要频繁传输大量数据的Web3.0应用来说尤为重要，可以有效提高应用的性能和用户体验。

可以看出，IPFS作为一种去中心化的文件存储和访问协议，在Web3.0时代具有广泛的应用前景和巨大的潜力。通过结合实际应用案例和技术优势分析，我们可以看到IPFS在提升Web3.0应用的性能与安全性方面发挥着重要作用。随着技术的不断发展和完善，相信IPFS将在未来的互联网生态系统中扮演更加重要的角色。

4.3　数字合约的魔法编制：Solidity 和智能合约开发

在区块链技术蓬勃发展的今天，智能合约已经成为构建DApp和DeFi的关键组成部分。而Solidity作为一种专门为以太坊平台设计的合约编程语言，正在引领这场革命。它不仅简化了智能合约的编写过程，还通过其特点和语法规则，为开发者提供了一个强大而灵活的工具。

4.3.1　Solidity 语言基础

Solidity是一种面向对象的、静态类型的高级编程语言，专为以太坊上的智能合约而设计。它借鉴了C++、Python和JavaScript等多种编程语言的特性，并加入了特有的安全机制，以应对区块链环境中可能出现的各种挑战。

Solidity语言的特点主要体现在以下几个方面：

1.类型安全

Solidity强制要求变量和函数参数具有明确的类型，这有助于在编译阶段捕获许多潜在的错误。

2.面向对象

Solidity支持合约的继承、封装和多态等面向对象的特性，使代码进一步模块化和可重用。

3.安全性

Solidity提供了一系列的安全特性，如防止重入攻击、限制合约访问权限等，以确保智能合约安全执行。

Solidity在智能合约开发中的重要性不言而喻，它是连接开发者与以太坊的桥梁，使开发者能够利用区块链技术的特性来构建各种去中心化应用。通过Solidity，开发者可以定义合约的状态、函数和事件，实现各种复杂的业务逻辑。此外，Solidity还支持与以太坊上的其他合约进行交互，为开发者提供了一个强大的工具集。

4.3.2　智能合约在 Web3.0 中的应用场景

智能合约在Web3.0时代的应用场景广泛而多样。其中，DApp和DeFi是两个最为重要的领域。

在DApp方面，智能合约是构建去中心化应用的核心组件。通过智能合约，DApp可以实现各种复杂的业务逻辑和交互方式。例如，一个去中心化的社交应用可以利用智能合约来管理用户的身份、发布内容和进行交易。智能合约的透明性和不可篡改性使这些应用更加公正和可信。

在DeFi领域，智能合约更是发挥着举足轻重的作用。DeFi应用通过智能合约来实现各种金融功能，如借贷、交易、资产管理等。这些应用不仅降低了传统金融服务的门槛和成本，还为用户提供了更加灵活和高效的金融服务体验。智能合约的自动化执行和去中心化特性使DeFi应用能够摆脱传统金融机构的束缚，为用户提供更加自由和安全的金融服务。

4.4　去中心化自治的维新者：去中心化自治组织

随着区块链技术的不断演进，DAO逐渐崭露头角，成为Web3.0时代的重要力量。DAO以其独特的组织形式和运作机制，为互联网治理带来了全新的可能性。

4.4.1　DAO 的概念与特点

DAO是一种基于区块链技术的、完全由代码和智能合约驱动的组织形式。它摆脱了传统组织的层级结构和中央集权，实现了真正的去中心化治理。DAO运作不依赖于任何中心化的管理机构或个体，而是通过智能合约来执行决策、分配资源和管理成员。

DAO的特点主要体现在以下几个方面：

1.去中心化

去中心化是DAO的核心特征。传统的组织形式往往依赖于中心化的管理机构或个体来做出决策，而DAO则通过智能合约和共识机制来确保决策的公正性和透明性。这种去中心化的治理方式有效降低了权力寻租和腐败的风险，提高了组织的效率和公信力。

2.透明性

透明性是DAO的另一个重要特点。由于DAO的所有活动和决策都记录在区块链上，任何人都可以查阅和验证这些记录。这种透明性不仅增强了组织的公信力，还有助于建立更加公正和透明的治理环境。

3.自治性

自治性是DAO区别于传统组织的显著标志。在DAO中，成员们通过持有代币或参与治理投票来行使自己的权利。他们可以自主决定组织的方向、分配资源和选举领导人。这种自治性使DAO能够更好地适应市场的变化和满足成员的需求。

在Web3.0治理中，DAO发挥着越来越重要的作用。它为互联网治理提供了一种全新的思路，即通过去中心化的方式来实现更加公正、透明和高效的治理方式。随着越来越多的项目和组织采用DAO的形式，DAO在Web3.0生态系统中的地位将越来越重要。

4.4.2　DAO 的实践成果

在DAO的实践过程中，已经涌现出了一批成功的项目案例，如表2-14所示。

表2-14 DAO经典项目案例

	领域	简要描述	活跃度
The DAO	风险投资	首个通过智能合约构建的DAO，专注于风险投资领域，但曾因智能合约漏洞损失大量资金	中等
Compound	去中心化金融	提供借贷协议的DAO，允许用户抵押资产以获取贷款，并赚取利息	高
Uniswap	去中心化交易	提供代币交易平台的DAO，允许用户进行去中心化的代币交换	非常高
Aave	去中心化金融	提供借贷和流动性挖矿的DAO，用户可以将资产存入平台以赚取利息	高
Aragon	治理工具	提供DAO创建和管理工具的平台，帮助用户轻松构建和部署自己的DAO	中等
MakerDAO	稳定币	管理DAI稳定币的DAO，通过抵押和借贷机制维持币值的稳定性	高

例如，Compound是一个去中心化借贷协议，它采用DAO的形式进行治理。通过智能合约，Compound实现了借贷功能的自动化和去信任化，降低了交易成本，并提高了资金利用效率。同时，它还通过代币经济系统激励成员参与治理和贡献价值，形成了一个充满活力的社区。

另一个例子是Uniswap，一个去中心化交易协议。Uniswap通过DAO的形式管理其流动性池和治理决策。它的成功在于提供了一个简单、透明和高效的交易机制，吸引了大量用户的参与。同时，Uniswap的DAO结构也为其带来了强大的社区支持和创新能力。

这些成功的案例表明，DAO在实践中能够发挥出巨大的潜力和优势。它们通过去中心化的方式实现了高效、透明和公正的治理，激发了成员的积极性和创造力，推动了项目的快速发展和创新。

第五章

拥抱挑战，照亮未来

在探索Web3.0的宏大旅程中，我们站在技术进步和社会变革的十字路口。随着区块链技术、分布式账本技术和智能合约的发展，Web3.0不仅仅是互联网的下一个迭代，也是一个全新的数字文明。然而，挑战与机遇并存，我们面临着安全性、可扩展性和用户接受度等诸多考验。为了拥抱这一未来，我们必须创新解决方案、跨越技术障碍，同时培养一个包容、理解的社区。在这个旅程中，让我们携手合作，为Web3.0的成功铺平道路，共同迈向一个更加公正、开放的数字未来。

5.1　挑战与限制下的 Web3.0 前路探索

随着技术的迅猛发展，Web3.0已成为新时代数字经济的重要基石。然而，在这条通往未来的道路上，我们仍然面临着诸多挑战与限制。

5.1.1　技术层面的挑战与限制

在Web3.0的征途上，技术层面的挑战与限制无疑是摆在我们面前的首要难题。其中，区块链的可扩展性问题尤为突出。随着Web3.0应用的日益丰富，对区块链的性能要求也越来越高。然而，目前许多区块链平台仍面临着交易速度缓慢、吞吐量有限的问题，这严重制约了Web3.0的发展速度和应用范围。

为了解决这一问题，研究者们提出了多种方案，如分片技术、侧链技术等，旨在提高区块链的可扩展性。然而，这些技术在实际应用中仍面临着诸多挑战，如安全性、稳定性等问题需要进一步解决。

此外，跨链互操作性的技术难题也是Web3.0发展的一大瓶颈。在当前的区块链生态中，不同链之间的数据互通性和资产互操作性仍受到很大限制。

这使不同链上的应用和服务难以实现无缝对接，从而影响了Web3.0的整体发展。

为了突破这一限制，跨链技术应运而生。然而，跨链技术在实际应用中仍面临着诸多挑战，如安全性、性能、隐私保护等问题。如何在确保安全的前提下实现高效、稳定的跨链互操作性，是Web3.0领域亟待解决的问题。

5.1.2　法规与政策环境的挑战

除了技术层面的挑战外，法规与政策环境也是制约Web3.0发展的重要因素。由于区块链技术的去中心化、匿名性等特性，使得其在监管方面面临着诸多难题。不同国家和地区对于区块链及Web3.0的监管政策存在显著差异，这给跨境应用和服务带来了很大的不确定性。

在这种情况下，合规性与监管风险的应对策略显得尤为重要。企业需要密切关注各国监管政策的变化，及时调整业务模式和运营策略，以确保合规经营。同时，也需要加强与监管机构的沟通与合作，共同推动Web3.0的健康发展。

全球区块链监管政策概览如表2-15所示。

表2-15　全球区块链监管政策概览

国家/地区	监管政策态度	主要监管措施
美国	积极支持	设立专门机构进行监管，推动区块链技术创新和应用
中国	审慎监管	限制加密货币交易，鼓励区块链技术在实体经济中应用
欧洲	开放包容	制定区块链发展战略，推动跨境数据流通和互操作性

从表中可以看出，各个国家和地区对区块链及Web3.0的监管政策和态度存在明显差异。这种差异不仅体现在监管力度上，还体现在对区块链技术的认知和应用方向上。因此，企业在开展Web3.0业务时，需要充分考虑不同国家和地区的监管政策差异，制定相应的合规策略。

5.2 隐私与安全性问题如何制约 Web3.0 的发展

随着Web3.0时代的到来，互联网的发展进入了一个全新的阶段。Web3.0以其去中心化、智能化和高度互联的特点，为用户提供了更加个性化、智能化的网络服务体验。然而，在享受这些便利的同时，隐私与安全性问题也逐渐凸显，成为制约Web3.0发展的关键因素。

5.2.1 隐私保护的重要性与难点

在Web3.0时代，用户的隐私保护需求更加迫切。随着大数据、人工智能等技术的广泛应用，个人信息的获取、处理和使用变得更加便捷，用户在享受网络服务的同时，也面临着个人信息被滥用、泄露甚至被不法分子利用的风险。因此，隐私保护在Web3.0时代显得尤为重要。

Web3.0隐私保护技术概览如表2-16所示。

表2-16 Web3.0隐私保护技术概览

	描述	使用频率／重要性评级
零知识证明	允许证明某个声明为真，而不泄露任何关于声明的额外信息	8（非常常用／非常重要）
同态加密	允许在加密数据上进行计算，得到的结果仍然是加密的，但解密后与在明文上直接计算结果相同	6（较常用／较重要）
差分隐私	通过在原始数据中添加随机噪声来保护个人隐私，同时允许进行统计分析	4（一般常用／一般重要）
安全多方计算	允许多个参与方在不泄露各自输入数据的情况下，共同计算某个函数的结果	2（较少使用／较不重要）

上表展示了Web3.0时代主要的隐私保护技术及其特点。例如，零知识证明技术可以在不泄露信息内容的情况下验证信息的真实性；同态加密技术则可以在加密状态下对数据进行计算和处理。这些技术的发展为隐私保护提供了有力的支持，但仍然存在诸多挑战需要克服。

5.2.2 安全性问题及其应对策略

Web3.0应用中常见的安全威胁包括网络攻击、数据泄露和恶意软件等。这些威胁可能导致用户信息被盗取、服务中断甚至系统崩溃，给用户和企业带来巨大的损失。因此，加强Web3.0应用的安全性至关重要。

为了应对这些安全威胁，需要采取一系列的安全审计与风险防控措施。首先，建立完善的安全审计机制，对Web3.0应用进行全面的安全检查。通过定期的安全漏洞扫描、风险评估和渗透测试，及时发现并修复潜在的安全隐患。其次，加强用户身份验证和访问控制，确保只有经过授权的用户才能访问敏感数据和关键服务。此外，还可以采用加密技术保护数据的传输和存储安全，防止数据泄露和被篡改。

同时，建立风险防控体系也是必不可少的。通过制定应急预案、建立应急响应机制以及加强安全培训等方式，提高应对突发事件的能力。在发生安全事件时，能够迅速响应、及时处置，减轻损失并恢复服务。

近年来的Web3.0安全事件统计与分析如表2-17所示。

表2-17 Web3.0安全事件统计与分析

事件编号	事件类型	事件日期	影响范围	涉及资产	事件结果	预防措施
1	智能合约漏洞	2024-03	大型DeFi平台	以太币	500万美元资金被盗	审计智能合约，定期更新和测试
2	交易所安全漏洞	2024-02	加密货币交易所	比特币、以太币	用户资料泄露	加强身份验证，实施多因素认证
3	钓鱼攻击	2024-01	Web3.0用户	非同质化代币、索尔	NFT被盗	增强用户教育，提醒不点击未知链接
4	闪电贷攻击	2023-12	DeFi协议	USDC、以太币	临时失去资金控制	实施更严格的借贷协议，限制未验证交易的影响范围

　　通过分析这些数据，我们可以发现安全事件的类型和数量在不断变化，需要针对不同类型的威胁采取相应的防范措施。同时，也可以看出安全事件的发生具有一定的季节性和周期性特点，需要在高发期加强防范和应对。

　　隐私与安全性问题是制约Web3.0发展的重要因素。为了保护用户的隐私和确保应用的安全性，我们需要不断完善隐私保护技术、加强安全审计与风险防控措施，并积极应对不断变化的网络威胁。只有这样，才能推动Web3.0健康、可持续发展。

5.3　Web3.0 的未来发展方向

Web3.0作为互联网发展的新阶段，正以其独特的去中心化、智能化和高度互联的特性，引领着技术、应用和社会责任等领域的深刻变革。本节将从技术创新引领未来、应用场景的拓展与深化两个维度，探讨Web3.0的未来发展方向。

5.3.1　技术创新引领未来

在Web3.0时代，技术创新是推动其发展的核心动力。下一代区块链技术的研究与发展，将为Web3.0提供更加高效、安全和可扩展的基础设施。跨链技术与互操作性的突破，则将进一步打破不同区块链之间的壁垒，实现更为广泛的数据共享和价值流通。

1.下一代区块链技术

下一代区块链技术将致力于解决当前区块链存在的性能瓶颈、隐私保护和可扩展性等问题。例如，分片技术通过将数据划分为多个片段并行处理，可以显著提高区块链的交易处理能力。零知识证明和同态加密等隐私保护技

213

术，则能够在保护用户隐私的同时实现数据的验证和计算。

2.跨链技术与互操作性

跨链技术是实现不同区块链之间互联互通的关键。通过跨链技术，不同区块链可以相互传递信息和价值，从而实现更为广泛的资源共享和价值流通。目前，已有多种跨链技术方案被提出和实施，如原子交换、侧链、中继链等。随着跨链技术的进一步突破和完善，不同区块链之间的互操作性将得到显著提升，为Web3.0的广泛应用奠定坚实基础。

5.3.2 应用场景的拓展与深化

随着Web3.0技术不断发展，其应用场景也在不断拓展和深化。金融、医疗等领域作为Web3.0的重要应用领域，正迎来前所未有的发展机遇。同时，跨界合作与生态共建也为Web3.0的发展提供了更广阔的空间。

1.金融领域

Web3.0为金融领域带来了DeFi等创新应用。通过智能合约和区块链技术，DeFi实现了无须信任中介的金融交易，降低了交易成本，提高了金融服务的普惠性。随着Web3.0技术的进一步成熟和应用场景拓展，金融领域将涌现出更多创新应用，如去中心化借贷、去中心化交易所等，为金融行业的转型升级提供有力支持。

2.医疗领域

Web3.0在医疗领域的应用也具有广阔前景。通过区块链技术，可以实现医疗数据的安全共享和隐私保护，促进医疗数据的流通和利用。同时，智能合约还可以用于自动化执行医疗流程，提高医疗服务的效率和质量。随着Web3.0技术的不断发展，医疗领域将实现更为精准、高效和安全的医疗服务。

3.跨界合作与生态共建

Web3.0的发展离不开跨界合作与生态共建。通过跨界合作，可以整合不同领域的资源和技术优势，推动Web3.0技术的创新和应用。同时，生态共建也可以促进不同项目之间的协同发展，形成良性竞争和合作共赢的局面。在未来，随着更多企业和机构加入到Web3.0的生态建设中来，其应用场景将进一步拓展和深化，如图2-9所示。

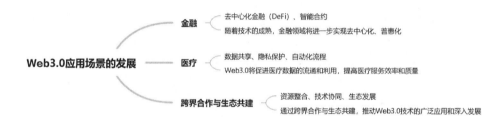

图2-9 Web3.0应用场景的发展

第三篇

智慧的未来
——人工智能

随着技术迅速演进，AI已经从科幻小说的题材走入我们的现实生活，它在各行各业都扮演着越来越重要的角色。AI的应用范围广泛、影响深远，它不仅能够处理大数据、提升效率、驱动创新，还有助于人类更好地理解世界和自身。通过学习数据模式和行为，AI正在成为提高决策质量、优化资源配置和增强人类创造力的重要工具。本篇内容旨在深入探讨AI的奥秘，揭示它如何成为推动我们生活和工作方式进步的关键力量，同时展望它将如何继续引领我们走向智慧、高效和互联的未来。

工信部等多部门持续推动人工智能产业发展，发布了多项相关政策。例如，2024年01月29日，工信部等七部门发布《关于推动未来产业创新发展的实施意见》，明确提出要加快人工智能等未来产业的发展，突破关键技术，推动产业转型升级。这些政策在促进了人工智能技术的研发与应用的同时，还为相关产业提供了良好的发展环境和政策支持。

第一章

探索 AI 的数字创新之路

在21世纪这个科技快速发展的时代，AI已成为推动数字创新的关键力量之一。AI的进步不仅加速了信息处理和数据分析的能力，还为各个行业开辟了全新的创新路径。探索AI的数字创新之路，意味着我们正在探索未来的工作方式、生活方式乃至思考方式可能产生的根本性变化。

1.1 被誉为"智慧革命"的 AI 究竟是什么？

作为一场被誉为"智慧革命"的技术浪潮，AI本质上是计算机科学的一个分支，它旨在创造出能够执行认知任务的机器，这些任务通常只有人类才能完成，如学习、推理、感知、理解语言和解决问题等。通过模拟人类大脑的工作方式，AI发展出了机器学习、深度学习、自然语言处理等多个子领域，使机器不仅能够处理复杂的数据分析任务，还能进行视觉识别、语言交流和自主决策。

这场"智慧革命"不仅仅是技术层面的飞跃，更代表着社会和经济结构的根本变革。AI的应用范围极广，从简化日常任务、提升工作效率到推动科学研究、促进医疗进步，乃至重塑交通、教育和娱乐等多个领域，其深远影响正塑造着未来社会的面貌。它能够进行学习、推理、理解、规划等，模拟、扩展并增强人类的智能行为。AI的研究领域包括机器学习、深度学习、自然语言处理、计算机视觉、机器人学等。而这场"智慧革命"实际上是指AI的快速发展和广泛应用所带来的社会、经济、科技等多方面的深刻变革。AI正在改变我们生活、工作的方式，提高效率，创造新的可能性。

1.2　AI 的历史和演进探寻

AI的历史是人类智慧和科技进步交织的史诗，从最初的概念设想到现代高度发达的应用，它的发展反映了人类对模拟、扩展甚至超越人脑能力的不懈追求。尽管AI的概念早在古希腊时期就有所提及，但其真正起源于20世纪中期特别是第二次世界大战后期及冷战时期的科技竞赛。

AI的萌芽可以追溯到20世纪四五十年代。在这一时期，人们开始尝试利用数学模型和逻辑推理来模拟人类的智能行为。逻辑学家艾伦·图灵提出了著名的图灵测试，试图解决"机器是否能思考"的问题。1956年，达特茅斯会议标志着AI作为一个学科的正式诞生，约翰·麦卡锡（John McCarthy）等人首次提出"人工智能"这一术语，并公布了"逻辑理论家"（Logic Theorist）等早期AI程序。

20世纪60年代至80年代，这一时期被称为符号主义时代。该时期AI研究主要集中在使用符号推理系统进行问题解决的领域。逻辑推理、专家系统和知识表示与推理成为符号主义时期的主要研究方向。研究人员试图使用符号逻辑来模拟人类的推理能力。代表性的工作包括尤金·查尔尼克（Eugene Charniak）的自然语言处理和艾德·费根鲍姆（Ed Feigenbaum）的专家系统。这个时期最著名的项目之一是斯坦福大学的"人工智能实验室"，该实验室成为早期AI研究的中心。但符号主义方法在处理复杂问题时遇到了瓶颈，因为其对现实世界的复杂性和不确定性难以刻画。

20世纪80年代，连接主义兴起并成为AI研究的热点。连接主义试图模拟人脑神经元之间的连接，通过神经网络来实现智能行为。反复学习和加强学习的想法产生，神经网络的结构和学习算法被引入机器学习领域。逐渐出现了基于神经网络的深度学习技术，如反向传播算法。然而，当时的计算资源和数据规模限制了连接主义方法的发展。

到了20世纪80年代末期，人工智能研究进入了一段寒冬期。这主要是由于早期的理想主义被实践打击，符号主义系统在处理真实世界的复杂问题上遭遇了困难，导致了资金大量撤回和学术界对AI的冷漠态度。这段时期AI领域的发展放缓，被认为是一段低迷期。

20世纪90年代至21世纪初，随着计算机技术和数据处理能力的提升，机器学习重新焕发了生机。机器学习的方法通过让计算机自动从数据中学习模式和规律，取得了一系列突破。支持向量机、决策树和神经网络等技术成为研究的热点。其中，神经网络的进步尤为引人瞩目，深度学习技术的兴起引领了新一波AI的发展浪潮。2012年，神经网络模型AlexNet在ImageNe计算机视觉竞赛中大获全胜，标志着深度学习时代的到来。此后，深度学习在图像识别、语音识别、自然语言处理等领域取得了重大进展。语言模型的出现更是将自然语言处理推向了一个新的高度。AI不再限于实验室，开始广泛应用于各个行业，从自动辅助驾驶汽车到智能助手，AI正逐步成为我们日常生活的一部分。人工智能发展重大事件如图3-1所示。

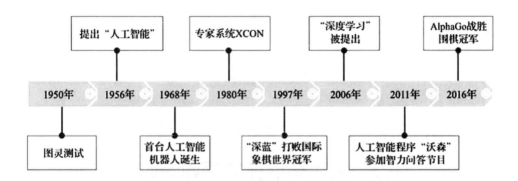

图3-1　人工智能发展重大事件

1.3　人工智能在多领域的应用

AI在自动驾驶汽车中的应用最为人所熟知。通过融合来自传感器、摄像头和雷达的数据，AI系统能够识别周围环境，做出驾驶决策。例如，特斯拉的Autopilot系统是最著名的自动辅助驾驶技术之一。它使用一组外部摄像头和前置雷达，配合强大的计算机视觉算法，来实现车道保持、自动变道、自适应巡航控制和交通感应型自动辅助驾驶等功能。此外，特斯拉在机器学习和深度学习技术方面的应用，允许它的车辆通过从大量行驶数据中学习，不断优化其自动辅助驾驶算法。

AI还用于交通流量分析和管理，帮助减少交通拥堵，优化交通布局。例如，新加坡的智能交通监控系统就是交通管理部门通过部署智能交通监控系统，利用AI技术监测城市道路上的交通流量和交通违规行为。这些系统可以自动检测交通事故，并及时采取措施减少交通堵塞。

AI在教育领域也被充分使用，被广泛应用于提供个性化学习、提高教学质量、增强学生参与度以及提高教育效率。

在制造业领域，AI的应用范围更加广泛，涵盖了生产流程优化、质量控制、预测性维护、供应链管理等方面。AI可以通过分析大量的生产数据，优化生产流程，提高生产效率和产品质量。通过实时监测生产环境、设备状态和原材料情况，AI系统可以调整生产参数、过程和工艺，以最大程度地提高生产线的运行效率。在质量控制上，AI技术可以利用机器视觉和传感器技术对产品进行实时监测和检测，以确保产品符合质量标准。通过对产品外观、尺寸、形状等特征进行分析，AI系统可以及时发现生产过程中的缺陷和异常，帮助制造商及时采取措施进行修正，减少不良品率。在预测性维护方面，AI技术可以利用大数据分析和机器学习算法，预测设备和机器的故障与损坏。通过监测设备的运行状态、振动、温度等参数，AI系统可以识别潜在的故障迹象，并提前通知维护人员进行维修和保养，避免因设备故障造成的生产停机和损失。

AI技术的应用已经渗透到社会的各个角落，在医疗保健、金融服务、交通运输、教育、制造、零售和电子商务等多个领域的应用正在不断拓展，为各行各业带来了更高效、更智能和更个性化的服务和解决方案。随着技术进步，未来人工智能的应用将更加广泛，影响也将更加深远。

第二章
机器学习智能进化之路

在当今快速发展的科技领域，机器学习智能正扮演着越来越重要的角色。从早期的符号主义推理系统到如今的深度学习技术，智能系统的进化之路一直充满挑战和机遇。随着数据量的爆炸式增长和计算能力的提升，机器学习不断突破自身局限，实现了许多令人瞩目的成就。

2.1　揭秘机器学习基础的魔法世界

在机器学习基础的魔法世界里，数据是原料，特征工程是炼金术，模型是咒语，而优化算法则是魔法的力量。让我们进入这个神秘的世界一探究竟。

2.1.1　魔法世界的原料——数据

在这个魔法世界中，数据是一切的源泉。就像魔法师需要魔力来施展法术一样，机器学习算法需要数据来进行训练和学习。这些数据可以是来自不同领域的各种形式，如文字、图像、声音等，它们包含着隐藏的规律和信息，等待着被发掘。机器学习的精髓在于其能够使机器通过数据来学习，从而执行特定任务，而无须进行明确的编程。

数据会被用来训练机器学习模型，在训练过程中，模型通过观察数据中的样本和标签，不断调整自己的参数，以使预测结果与实际标签尽可能接近。数据还被用来验证和评估模型的性能。通常，将数据集划分为训练集和测试集，模型在训练集上进行学习，然后在测试集上进行评估。测试集中的数据是模型从未见过的，因此可以用来检验模型是否具有良好的泛化能力。

数据的特征是描述样本的特点。机器学习算法需要对数据进行特征提取，以将原始数据转化为可供模型理解和处理的形式。好的特征可以帮助模型更好地捕捉数据中的模式和规律。在实际应用中，数据往往会存在某些类别的样本数量远远少于其他类别，这时需要采取一些策略来处理不平衡数据，如过采样、欠采样、生成人工样本等，以确保模型的训练效果和性能。

我们根据数据的特性和所需的任务类型，选择合适的学习模式。这些模式主要包括：监督学习、非监督学习、半监督学习和强化学习。总而言之，数据在机器学习中起着不可替代的作用。它不仅是机器学习算法的学习材料和训练基础，还是评估模型性能和改进模型的关键因素。

2.1.2 魔法世界的炼金术——特征工程

在机器学习的魔法世界里，特征工程就像是炼金术，通过巧妙地提取、组合和转换数据，将原始的数据转化为可供机器学习算法理解和利用的特征。在这个过程中，特征选择和构建可以大大提高模型的性能，就像炼金术士通过炼金术将普通金属"转化"为黄金一样神奇。

特征工程在机器学习中的作用是多方面的。特征工程涉及数据的清洗和预处理过程，数据清洗是指对原始数据进行清理，去除其中的噪声、异常值、重复值等，以确保数据的质量和准确性。数据预处理包括对数据进行标准化、归一化、缺失值处理等操作，使数据适合机器学习模型的输入要求。通过这些步骤，可以确保数据的质量和可靠性，从而提高模型的稳健性和准确性。

在实际应用中，数据往往包含大量的特征，但并非所有特征都对模型的预测性能有贡献。特征工程可以帮助识别和选择最相关的特征，或者通过降维技术将高维数据转化为低维数据。常用的特征选择方法包括过滤法、包装法和嵌入法。

特征工程还涉及特征的构建和组合过程，即基于原始特征创建新的特征或者将多个特征进行组合，以提供更多的信息和模式给模型，有助于提高模型的表现和预测能力。在实际数据中，常常会包含类别型特征，如性别、地区等。特征工程可以将这些类别型特征转化为机器学习算法可以处理的数值型特征，例如使用独热编码或者标签编码等方法，以便模型能够正确地理解和利用这些特征。

在机器学习中，数据的偏斜与不平衡会影响模型的训练和预测结果。特征工程也可以帮助解决数据偏斜与不平衡的问题。通过合适的采样技术，如欠采样、过采样、SMOTE算法等方法或者权重调整方法，可以平衡不同类别之间的样本数量，从而避免模型在训练和预测过程中出现偏差，提高模型的可靠性。

良好的特征工程可以使模型更具解释性，即可以清晰地理解模型对预测结果的贡献是来自哪些特征。通过特征工程可以构建具有解释性的特征，使模型的预测结果更具可解释性和可信度，有助于用户理解模型的决策逻辑和信任模型的结果。

特征工程在机器学习中是至关重要的一环，它通过一系列的数据处理和转换步骤，为模型提供了更有效、更具代表性的特征，从而提高了模型的性能、泛化能力和解释性。

2.1.3 魔法世界的咒语——模型

模型就像是魔法世界的咒语，通过学习数据中的规律和模式，模型可以预测未来或者做出决策。在这个世界里，有各种各样的模型，如线性模型、决策树、神经网络等，它们各有特点，可以适用于不同类型的问题和数据。

在讨论模型对机器学习的作用时，会涉及以下几个方面：

1. 模型选择与建模

模型在机器学习中扮演着核心的角色，它们根据数据的特征和任务的要求，通过学习数据的模式和规律来进行预测或决策；通过学习数据中的模式和规律，构建数学或统计模型来对未知数据进行预测或分类。这意味着模型可以帮助我们从数据中发现隐藏的关系，进行预测性分析，或者对数据进行分类，从而解决各种不同的问题。模型选择需要考虑到数据的特征、问题的类型以及性能指标等因素，常见的模型包括线性回归、决策树、支持向量机、神经网络等。

2. 模型训练与优化

模型训练是指利用标注的训练数据，通过优化算法来调整模型的参数，使其能够最好地拟合数据并达到预期的性能指标。在机器学习任务中，选择合适的模型对于最终结果至关重要。不同类型的问题可能需要不同类型的模型来进行解决，如回归、分类、聚类等。同时，对模型进行调优也是必不可少的，以使其在给定任务上表现最佳。优化算法包括梯度下降、遗传算法、贝叶斯优化等，其目标是最小化损失函数或最大化模型的性能指标。

3. 模型评估与验证

模型评估是指利用独立的测试数据对训练好的模型进行评估，以评估模型的泛化能力和性能。模型的泛化能力指其对新数据的适应能力，即模型在未见过的数据上的表现。常见的评估指标包括准确率、精确率、召回率、F1分数（F1-score）等。同时，模型验证也是重要的一环，可以通过交叉验证等方法来验证模型的稳定性和一致性。

4.模型解释与可解释性

模型解释是指理解模型对预测结果的影响和贡献，以及模型对数据的理解能力。在某些应用场景下，理解模型的决策过程和预测依据同样非常重要。模型的解释性可以帮助我们理解模型对于不同特征的依赖程度，以及对预测结果的影响，从而提高对模型预测结果的信任度和可解释性，如医疗领域与金融领域的数据特征有很大不同。模型的解释性非常重要，可以通过解释树、SHAP值等方法来解释模型的预测结果。

5.模型部署与应用

模型部署是指将训练好的模型应用到实际场景中进行预测或决策，通常涉及将模型集成到软件系统中或者提供应用程序编程接口供其他系统调用。模型部署需要考虑到模型的性能、实时性、可扩展性等方面的需求，并进行相应的优化和调整，以保证模型能够在实际应用中高效运行。

6.模型监控与更新

模型在实际应用中需要不断监控和更新，以适应数据分布变化和模型性能衰退。模型监控可以通过监控指标、日志记录等方式来实现，而模型更新则可以通过在线学习、增量学习等方法来实现。持续更新模型可以保证模型在长期应用中保持高效性和准确性。

模型在机器学习中的作用是至关重要的，它们是机器学习任务的核心组成部分，承担着对数据进行建模和预测的任务，模型在机器学习中起到的作用是多方面的。

2.1.4　魔法世界的力量——优化算法

优化算法就像是魔法世界的力量，它们可以让模型不断学习和改进，使其在训练过程中逐渐接近最优解。机器学习中的优化算法有梯度下降、动量、自适应梯度算法、RMSprop（均方根传播）、贝叶斯优化等，它们在机器学习中的作用主要是调整模型的参数以最小化或最大化某个目标函数。

在开始训练模型之前，我们首先需要定义一个损失函数（也称为目标函数），该函数衡量模型预测值与实际值之间的差异或误差。常见的损失函数包括均方误差、交叉熵损失等。模型参数在开始训练之前需要被初始化。参数的初始化可以是随机的，也可以是某种特定的策略（如He初始化或Glorot初始化）。选择一个优化算法来调整模型参数，以最小化损失函数。根据模型的类型和数据的特性，你可以选择不同的算法，如SGD（随机梯度下降法）、Adam（自适应运动估计算法）、RMSprop等。通过反复迭代训练步骤，逐步调整模型参数。在每次迭代中，优化算法都会根据模型对当前批次数据的预测结果和实际标签之间的误差来更新模型参数。在训练过程中，可能需要调整学习率和其他相关的超参数，以改善模型的学习过程和最终性能。在模型训练期间和训练完成后，通过在验证集和测试集上评估模型性能来监控和评估模型的进度，如果模型在验证集上的性能不再提升，可能需要停止训练（早停），或调整模型结构和优化策略。在某些情况下，可能需要通过正则化方法来防止模型过拟合；也可以根据模型在验证集上的性能对优化算法的某些方面进行微调，比如调整学习率的衰减策略或改变批次大小。

通过这些步骤可以看出，优化算法在机器学习中扮演着核心角色，它帮助模型通过从数据中"学习"来减少预测误差，进而在未见数据上做出更准确的预测。

优化算法的选择会影响模型在训练过程中的收敛速度。一个高效的优化算法可以帮助模型更快地收敛到最优解，减少训练时间，提高训练效率。快速的收敛速度有助于加速模型的调优和迭代过程。优化算法可以帮助机器学习模型避免陷入局部最优解，可以帮助找到全局最优解或者接近最优解的解决方案。优化算法在训练过程中的表现会影响模型的泛化能力。一个有效的优化算法可以帮助模型更好地泛化到未见过的数据，并降低过拟合的风险。通过调整优化算法的参数和学习率等超参数，可以使模型在训练和测试数据上都取得较好的性能。在高维空间中搜索最优解是一项具有挑战性的任务，而优化算法可以帮助机器学习模型有效地解决高维问题。它的设计考虑到高维数据的特性，通过合理的搜索策略和更新规则，能够帮助模型更快地找到最佳的参数配置。

了解优化算法背后的原理可以帮助我们更好地调整模型的学习策略和超参数，以提高模型性能。

2.2 学习三重奏：探秘监督、无监督与强化学习

机器学习的监督学习、无监督学习和强化学习是人工智能的核心算法。它们赋予机器从数据中学习、推理并做出决策的能力，进而解决各种复杂问题。让我们一起深入探索这三种基本的机器学习范式，并揭示它们如何共同构建起数字智慧的宝库。

2.2.1 监督学习

监督学习是机器学习中最常见的一种形式，它的主要特征是在学习过程中利用一组已知输入和对应输出的样本数据来训练模型。目标是使模型能够理解输入与输出之间的关系，从而对新的、未见过的数据进行准确的预测或分类。简单地说，监督学习就像是在给机器一个问题和答案的清单，然后让机器通过这些例子学会如何解决类似的问题。它依赖于带有标签的训练数据集来学习或推断一个函数，以便我们可以从给定的输入数据预测输出结果。在这个"监督"过程中，算法会尝试通过分析训练数据来了解输入（特征）和输出（标签）之间的关系。换句话来说，监督学习就是学习一个从输入映

射到输出的规则。

监督学习首先要收集相关领域的数据，这些数据包括特征（例如，邮件的内容）和标签（例如，是垃圾邮件还是非垃圾邮件），然后清洗数据，处理缺失值，可能进行特征选择和特征工程等，以准备好用于训练的数据集。再根据问题的性质选择适当的算法（例如，回归模型用于预测连续值，分类模型用于区分不同的类别）。之后使用训练集（包含已知的输入和输出）来训练选择好的算法，使其能够学习输入与输出之间的映射关系。之后使用一部分未参与训练的数据（测试集）来评估模型的性能，查看模型对新数据的预测或分类的准确度。再根据模型在测试集上的表现，调整算法参数或采用不同的特征组合，以改进模型性能。最后，将训练好并经过优化的模型部署到实际应用中，用于对新数据进行预测或分类。

监督学习的常见应用包括邮件分类（垃圾邮件或非垃圾邮件）、信用评分、客户流失预测、图像识别、语音识别、医学诊断等。其优点是有明确的目标和结果可解释，特别是在某些模型（如决策树）中，结果的解释性较强，便于理解模型是如何做出决策的。但其也有一定的局限性，监督学习需要大量标记数据，而获取高质量、标记好的训练数据可能既昂贵又耗时。模型可能会过度拟合训练数据，导致对新数据的泛化能力下降。

2.2.2　无监督学习

无监督学习是机器学习的另一种主要范式，与监督学习不同，无监督学习的训练数据没有标签，也就是说，数据没有给定的答案或结果。算法需要在没有明确指示的情况下寻找数据中的模式和结构。无监督学习的目标是让机器自我学习，识别出数据中的模式、结构或者关联，而无须外界指导。在无监督学习中，算法试图从数据本身学习而不是依赖于预定的标签。

无监督学习的主要任务包括：聚类、降维和关联规则学习，如图3-2所示。聚类就是将数据集中的样本根据某种相似性聚合成若干组或"簇"，这些相似性通常是基于数据特征的距离或密度。典型的聚类算法有K均值、基于密度的噪声应用空间聚类等。降维用于减少数据集中的特征数量，旨在减轻维度灾难，同时尽量保留原始数据的信息。降维技术可以帮助改善算法的性能和数据的可视化。常见的降维方法包括主成分分析、t-分布随机邻域嵌入、自动编码器等。关联规则学习则是从数据中发现变量之间的有趣关系，如物品之间的关联（如经常被一起购买）。这在市场分析中非常有用。典型算法包括Apriori和FP-growth等。

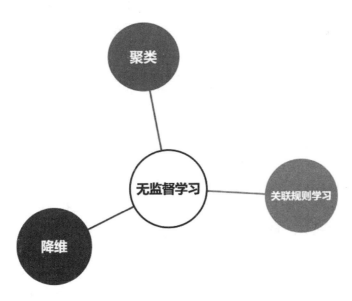

图3-2 无监督学习的主要任务

无监督学习的应用实例有客户细分、身份欺诈检测、推荐系统、生物信息学等。其优点是不需要标记数据，处理未标记的数据集更为灵活，还可以发现数据中未知的模式和关系。但是无监督学习评估模型的性能没有固定标准，因为没有预先设定的正确答案。其模型结果的解释性可能不如监督学习模型的直观。无监督学习提供了一种寻找未标记数据潜在结构的方式，虽然它不像监督学习那样直接解决预测问题，但它在数据挖掘和洞察发现中起着重要作用。

2.2.3　强化学习

强化学习是一种不同的范式，与监督学习、无监督学习相辅相成。它是一种让计算机系统通过与环境的交互来学习如何做出决策的机制。其中，算法（称为代理）通过与环境交互来学习，代理根据其操作的结果（称为奖励或惩罚）来做出决策，目标是最大化长期奖励。

在强化学习中，一个智能体被放置在一个环境中，智能体可以执行某些操作，并且能够观察到环境的状态和接收到来自环境的反馈，这种反馈通常是奖励（可正可负）信号。

强化学习的目标是使智能体学习一种策略，它能够指导智能体在给定的状态下选择哪一个行为，以便最大化其长期累积的奖励。这一过程通常需要智能体通过不断尝试和试错来探索和利用环境，最终找到最优的行为序列。在强化学习的框架下，智能体通过探索环境和利用已知信息，在奖励和惩罚的指导下，逐步改进其决策策略，以达到累积最大奖励的目标。这个过程通常涉及一个平衡探索（尝试新行为）和利用（使用已知的最优行为）的持续过程。

强化学习已经在多个领域表现出它的潜力和效能，包括但不限于游戏（如AlphaGo）、机器人导航和控制、推荐系统、自动辅助驾驶汽车、资源管理和分配、在线广告投放和优化。

强化学习也面临着如决定何时探索新行为、何时利用已知的最优行为这些问题。在某些环境中，智能体很难获取即时的、指导性的反馈。总体而言，强化学习是一个非常活跃的研究领域，它提供了一个强大的框架来处理复杂的顺序决策问题，并在多个领域展示了其潜力。

这三种学习范式各有特点，但它们不是孤立存在的。在实际应用中，解决复杂问题可能需要将它们结合起来。例如，监督学习可以用来预测未来的事件，但如果你有大量未标记的数据，你可能首先使用无监督学习来探索数据和识别可能有用的模式。强化学习通常用于在复杂环境中做出决策，但在强化学习的过程中，可以使用监督学习的方法来预测环境的变化或使用无监督学习来识别环境的结构。每种范式都有其优势和局限性，但当它们结合起来时，就能形成一个强大的工具组合，用于解决多层次的、动态的问题，并推动智能系统的发展。

2.3　特征工程与模型评估

特征工程与模型评估是机器学习领域中的一次探索，是在数据科学之路上的一次发现与创新的旅程。在这个旅程中，我们将深入了解数据的本质、模型的构建与评估，以及如何从数据中挖掘出有用的信息，以建立准确、可靠的预测模型。

2.3.1　特征工程

特征工程是使用领域知识选择、修改和创建数据特征的过程，目的是提高模型的性能。

它是机器学习中改善模型性能的关键步骤之一。这个过程包括对数据进行处理和转换，为模型提供合适的输入特征。好的特征不仅能提高模型的表现，还能帮助模型更快地学习、更好地推广到新数据上。特征工程通常包括以下两个方面：首先是数据清洗，这是特征工程的基础步骤。清洗数据意味着处理缺失值、异常值和噪声，确保数据质量可靠，不会误导模型训练。其次是特征选择，它是从原始特征中选择最相关和最具代表性的特征。这有助于减少特征空间的维度，提高模型的训练效率和泛化能力。

特征转换是另一个关键步骤，它涉及将原始特征进行转换，以适应模型的需求或改善数据的分布。常见的转换包括对数转换、标准化和归一化等。特征构建则是通过特征的组合或衍生创建新的特征。这有助于提取数据中更高层次的信息，并增强模型对数据的表达能力。

最后，特征降维是在数据维度较高时采取的步骤，它有助于减少计算负担和防止过拟合。常见的降维方法包括主成分分析和线性判别分析等。

特征工程的主要挑战在于它很大程度上依赖于领域知识和对数据的理解，它也是一个不断试错的过程。通常情况下，特征工程不是一次性的任务，而是一个动态的、重复的过程，在模型开发的整个周期中都需要不断迭代和更新。

忽视特征工程可能导致模型学到错误的模式从而预测不准确，或者导致模型训练效率低下。在实践中，经验表明特征工程常常比模型选择本身更能显著提升模型性能。因此，特征工程是构建高效机器学习模型的重要一环。

2.3.2 模型评估

模型评估是衡量模型预测精度和泛化能力的过程，对于理解模型在新数据上的表现至关重要。模型评估是机器学习和统计模型开发流程中的关键步骤，它使我们能够衡量模型的性能和泛化能力，即模型对未见过的数据的预测能力。模型评估不仅帮助我们选择最佳模型，还指导我们调整模型参数和进行模型优化。以下是模型评估中的一些主要概念和技术。

1.分离数据集

在机器学习任务中，分离数据集是一个至关重要的步骤。它通常将数据集划分为训练集、验证集和测试集三个部分，如图3-3所示。

训练集是用来训练模型的数据集。在训练过程中，模型根据训练集的数据进行参数调整和优化，以学习数据的模式和特征。

验证集则用于调整模型的超参数或进行模型选择。通过在验证集上评估模型的性能，可以选择最优的模型或参数设置，以提高模型的泛化能力。

测试集用来评估最终训练好的模型的性能。这个数据集在整个模型开发过程中是不可见的，模型在训练和验证阶段只使用训练集和验证集。测试集的目的是模拟模型在真实场景中的表现，从而评估模型的泛化能力和准确性。

在分离数据集时，需要确保数据集的划分是随机的，并且要根据具体任务的需求和数据集的特性来确定训练集、验证集和测试集的比例。常见的划分比例是数据的70%用于训练集，15%用于验证集，15%用于测试集。但在实际应用中，也可能根据数据集的大小和特性进行调整。

分离数据集的目的是确保模型在训练和评估的过程中能够进行有效的验证和测试，从而保证模型的性能和泛化能力。

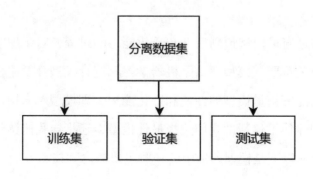

图3-3　分离数据集

2.交叉验证

为了更有效地利用数据，减少训练集和验证集划分的随机性对模型性能评估的影响，常使用交叉验证技术。最常用的方法是k折交叉验证，其中数据被分为k个子集，模型训练k次，每次使用不同的子集作为验证集，其余作为训练集，然后取这k次评估结果的平均值作为模型性能的估计值。

3.模型评估指标

常见的评估指标有多种，其中包括准确率、精确率、召回率、F1分数、ROC曲线和AUC值、混淆矩阵、均方误差以及对数损失。

对于分类任务，准确率是最常见的评估指标之一，它简单地衡量了模型预测正确的样本数与总样本数之比；精确率则关注模型在预测正样本时的准确性；召回率则考量模型对正样本的识别能力；F1分数综合考虑了精确率和召回率，适用于平衡精度和召回率的情况；ROC曲线和AUC值是用于评估二分类模型性能的常见工具，ROC曲线描述了模型在不同阈值下的表现，而AUC值则是ROC曲线下的面积，提供了模型整体性能的一个综合度量；混淆矩阵提供了详细的分类结果，能够展示模型在不同类别上的预测准确性。主要评估指标如图3-4所示。

对于回归任务，常用的评估指标包括均方误差，它衡量了模型预测值与真实值之间的平均平方差；对数损失则是多类别分类任务中常用的评估指标，它度量了模型预测结果与真实类别之间的差异。主要评估指标如图3-5所示。

选择合适的评估指标需要考虑具体的任务要求和数据特点，以确保评估结果能够准确反映模型的性能和泛化能力。

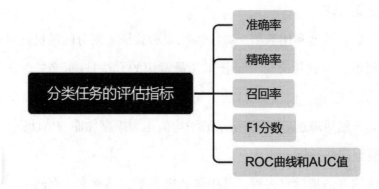

图3-4 分类任务的评估指标

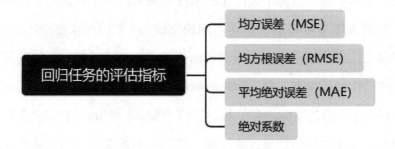

图3-5 回归任务的评估指标

模型评估是一个迭代过程，可能需要多次调整和测试才能找到最优的模型和参数。正确的评估方法和准确的性能指标对于开发有效的机器学习模型至关重要。

第三章

AI 核心算法

在当今数字化和智能化的时代，AI已经渗透到了我们生活的方方面面。它不仅改变着我们的工作方式和生活方式，更深刻地影响着整个社会和产业结构。而AI的核心算法正是支撑着这一切变革和创新的重要基石。

3.1　机器学习算法

在机器学习算法中，监督学习、无监督学习和强化学习是三种主要的范式。还有一些其他常见的机器学习算法，如聚类算法、关联规则学习和半监督学习等。其中半监督学习结合了监督学习和无监督学习的特点，旨在利用少量的标记数据和大量的未标记数据来训练模型，以提高模型性能。

机器学习算法的应用场景十分广泛。在医疗领域，机器学习算法被用于疾病诊断、药物发现和个性化治疗。在金融领域，它被用于信用评分、欺诈检测和股票预测等。在社交网络中，机器学习算法被用于推荐系统、个性化广告和情感分析。在自动辅助驾驶领域，机器学习算法被用于目标检测、轨迹规划和环境感知等。

3.2　深度学习算法

深度学习算法是一种基于人工神经网络的机器学习方法，其核心思想是通过多层次的神经元网络来学习数据的抽象特征表示。人工神经网络是由多个神经元组成的网络结构，是深度学习的基础。每个神经元接收来自前一层神经元的输入，并将加权输入传递给激活函数，产生输出。

深层神经网络具有多个隐藏层，这些层可以学习数据的不同抽象层次的表示，从而捕捉数据中的复杂关系和模式。

前向传播是神经网络中的数据传递过程，输入数据从输入层传递到输出层。在前向传播过程中，每个神经元将接收到来自上一层神经元的输出，并进行加权求和和激活函数的计算，将结果传递给下一层。

反向传播是一种用于训练神经网络的方法，通过计算损失函数对网络参数的梯度，并根据梯度下降的原理更新参数。反向传播算法通过将误差从输出层传播回输入层，逐层计算梯度并更新参数来调整网络权重，以最小化损失函数。

激活函数是神经元中的非线性转换函数，负责将神经元的加权输入映射到输出。常用的激活函数包括S型生长曲线、线性整流函数、双曲正切函数等，它们能够为神经网络引入非线性，增加网络的表达能力。

损失函数衡量模型预测结果与真实标签之间的差异。在训练过程中，通过最小化损失函数来调整网络参数，使模型的预测尽可能接近真实值。

深度学习算法通过这些基本概念构建复杂的神经网络模型，实现对复杂数据模式和特征的学习和表示。

3.3　遗传算法

遗传算法是一种模拟生物进化过程的搜索启发式算法，它是由约翰·霍兰德在20世纪70年代初提出的。这种算法基于自然选择的原理（适者生存）以及遗传学中遗传变异的概念。遗传算法通常用于解决优化和搜索问题，特别是那些难以使用传统算法解决的问题。它通过不断地进行选择、交叉和突变等操作，模拟了自然选择和遗传机制，从而实现了在复杂优化问题和大规模搜索空间中的高效搜索与优化。

首先，遗传算法将问题的解表示为个体，通常使用染色体来表示。基因在染色体上，每个基因对应个体的一个特征或变量。个体的适应度由适应度函数评价，衡量个体在解空间中的性能。这样，问题的求解被转化为寻找适应度函数值最大或最小的个体，即找到解空间中的最优解。

在选择阶段，根据个体的适应度值来确定哪些个体将被选中用于繁殖下一代。在通常情况下，适应度较高的个体被选中的概率较大，这样就能够保留优秀的基因，从而保证下一代的质量。

交叉操作模拟了生物进化中的基因重组过程，通过交换两个个体的染色体片段来生成新的个体。交叉的位置和方式可能会根据问题的性质和算法的设计而变化，从而引入新的变化和多样性，有助于种群的进化和避免陷入局部最优解。

而突变则是在个体的染色体中随机改变某些基因值，以引入新的变化和多样性。突变操作有助于跳出局部最优解，探索解空间的更广泛范围，从而增加了算法的全局搜索能力。

通过选择、交叉和突变等操作，生成新的个体组成下一代种群，逐步优化种群中的个体，使其适应度逐步提高。这一过程将持续进行，直到满足停止条件为止，例如达到最大迭代次数或找到满意的解。值得注意的是，遗传算法是一种随机搜索算法，其搜索过程可能会收敛到局部最优解，因此需要通过设置合适的参数和运行多次来提高全局搜索能力。

遗传算法在解决复杂优化问题和搜索空间巨大的情况下具有很好的鲁棒性和全局搜索能力，因此被广泛应用于AI领域。它在优化问题、机器学习、数据挖掘等领域都有着广泛的应用。其灵活性和有效性使其成为解决各种实际问题的重要工具之一，为AI的发展做出了重要贡献。

3.4 强化学习算法

强化学习算法是一种通过试错来学习最优决策策略的机器学习方法。它涉及智能体与环境的交互，智能体根据环境的反馈信息（奖励信号）采取行动，并根据奖励信号来调整其策略，以达到最大化长期累积奖励的目标。

其中，价值函数是强化学习算法中的重要概念，用于评估智能体在某种状态下的长期回报。基于价值函数的估计，智能体可以选择在每个状态下采取的最佳行动，从而实现最优策略。

强化学习算法主要分为基于价值的方法和基于策略的方法两种。基于价值的方法（如Q学习和深度Q网络）试图直接学习最优值函数或最优动作值函数，然后从中推导出最优策略。而基于策略的方法（如策略梯度方法和演员–评论家方法）则试图直接学习最优策略。

强化学习算法在各个领域都有广泛的应用。在AI领域，它被用于解决许多复杂的问题，如游戏控制、机器人控制、自动辅助驾驶等。在自动化领域，强化学习算法被用于优化控制系统，以提高系统的性能和效率。在金融领域，它被用于制定交易策略和优化投资组合，以使收益最大化并降低风险。在工业领域，强化学习算法被用于优化生产流程和资源分配，以提高生产效率和质量。

　　然而，强化学习算法也面临一些挑战。其中之一是探索与利用的平衡问题，即如何在探索新策略和利用已知策略之间找到最佳权衡。另一个挑战是样本效率和泛化能力的问题，即如何在少量数据下学习泛化能力强的策略。此外，强化学习算法还需要解决延迟奖励和非静态环境等问题，以更好地适应实际应用场景。

　　随着深度学习和强化学习技术的不断进步，这些挑战将逐渐得到解决，强化学习算法将在更多领域发挥重要作用，为人工智能的发展和应用带来更多的创新和突破。

3.5 自然语言处理算法

自然语言处理（NLP）算法是一类旨在处理和理解人类语言的技术，涵盖了多个方面，包括文本处理、语言模型、语义理解等。这些算法广泛应用于机器翻译、文本分类、情感分析、问答系统等任务。

在文本处理方面，常见的算法有词袋、词频–逆向文件频率（TF-IDF）和词嵌入。词袋将文本表示为词项的集合，忽略词语之间的顺序和语法结构，适用于简单的文本分类任务。TF-IDF根据词语在文档中的频率和在语料库中的逆文档频率来衡量词语的重要性，常用于信息检索和关键词提取。而词嵌入则将词语映射到低维稠密向量空间，捕捉了词语之间的语义关系。

在语言模型方面，神经网络模型（如循环神经网络、长短期记忆网络和Transformer等）在NLP中占据主导地位。这些模型能够学习文本序列中的长期依赖关系，从而在语言建模、文本生成和机器翻译等任务中表现出色。其中，Transformer模型由于其自注意力机制的高效性和并行性，成为近年来NLP领域的热门选择。

在语义理解方面，词法分析、句法分析和语义角色标注等技术被广泛应用于理解文本的结构和含义。词法分析涉及词性标注和命名实体识别等任务；句法分析则分析句子中词语之间的语法关系；而语义角色标注则将句子中的语义角色与谓词关联起来，揭示句子的语义结构。

自然语言处理算法的应用场景十分广泛，涵盖了互联网搜索、智能客服、智能翻译、舆情分析、智能问答等多个领域。在商业领域，NLP算法被用于分析用户评论和社交媒体内容，帮助企业了解市场反馈和用户情绪。在医疗领域，NLP技术被用于医学文献挖掘和临床信息提取，辅助医生做出诊断和治疗决策。在教育领域，NLP算法被用于智能辅导系统和教学资源的个性化推荐，以提升学习效果和体验。

3.6 聚类算法

聚类算法是一类无监督学习算法，旨在将数据集中的样本划分为不同的组，使同一组内的样本彼此相似，而不同组之间的样本相异。这些算法通常通过计算样本之间的相似度或距离来实现聚类。聚类算法的目标是发现数据中的内在结构，并将相似的样本归为一类，以便进一步分析或理解数据。

常见的聚类算法包括K均值、层次和基于密度的噪声应用空间聚类等。K均值聚类是一种迭代算法，通过将数据集中的样本划分为K个簇，并将每个样本分配到最近的簇中，然后更新簇的中心点，直至达到收敛。层次聚类将数据集中的样本逐步合并成越来越大的簇或越来越小的簇，形成一个层次结构。基于密度的噪声应用空间聚类是一种基于密度的聚类算法，它将具有足够密度的样本划分为一簇，并且能够发现任意形状的簇。

聚类算法在各个领域都有广泛的应用。在数据挖掘和机器学习中，聚类可用于发现数据中的模式和群组，从而帮助分析人员理解数据特征、探索数据之间的关系，并支持决策制定。在图像处理中，聚类可用于图像分割，将图像中的像素分为不同的区域，从而有助于对象识别和图像分析。

尽管聚类算法在许多应用中表现出色，但也存在一些挑战。例如，对于具有不同形状、大小和密度的簇的数据集，传统的聚类算法可能无法很好地处理。此外，在处理大规模数据时，算法的效率和可扩展性也是需要考虑的问题。

3.7 降维算法

在面对大规模的数据分析和机器学习项目时，数据的高维性常常成为一个难以逾越的障碍。高维数据不仅使存储和计算成本大幅增加，还可能导致模型遭受维度灾难，即随着维度增加，数据的空间体积急剧膨胀，导致数据点之间的距离趋于均匀化，从而降低学习算法的性能。为了解决这些问题，降维算法应运而生，它通过减少数据的维度来简化模型的复杂性，同时尽可能保留原始数据的重要信息。

降维算法主要分为两大类：线性降维和非线性降维。线性降维算法的典型代表是主成分分析，它通过线性变换将原始数据转换到新的特征空间中，这个新空间的基是数据协方差矩阵的特征向量，而新特征的重要性则由对应的特征值确定。主成分分析的目标是最大化投影后数据的方差，从而尽可能保留原始数据的变异信息。由于主成分分析仅涉及线性变换，它在处理具有复杂非线性结构的数据时可能不够有效。

为了克服线性降维方法的这一局限，研究者开发了多种非线性降维技术，如t-分布随机邻域嵌入和统一邻域嵌入。t-分布随机邻域嵌入通过在低维空间中模拟高维空间数据点之间的概率分布关系来实现降维，特别擅长保持数据点之间的局部结构，因此广泛用于数据的可视化。统一领域嵌入则是一种较新的算法，它在保持局部结构的同时也尽量保留全局的数据结构，是一种相对高效和灵活的非线性降维方法。

第四章

工业智能造就新时代

在数字化和智能化的浪潮中，工业智能正成为推动新时代发展的强大引擎。工业智能的广泛应用正在改变着传统产业的生产方式、管理模式和商业模式，为企业带来前所未有的竞争优势和发展机遇。

4.1　智能制造和自动化

4.1.1　智能制造和自动化的概念

　　智能制造可以定义为一种基于数据和网络的高度信息化的制造方式。作为工业4.0的核心，意味着制造过程中各个环节都能通过数据和网络实现互联互通。它利用计算机、互联网、大数据、AI、机器学习和IoT等先进的信息技术和自动化技术，将生产设备、仓储系统和运输工具集成为一个高度优化、协调和自动化的系统。

　　自动化则是使用控制系统（如计算机）、软件和其他技术来操作生产设备，代替人工进行各项操作，特别是在执行重复性较高或危险的任务时。自动化技术的实施有助于降低劳动强度、提高生产效率和保障产品品质的一致性。

4.2.2　智能制造技术的基础

　　智能制造技术的基础如图3-6所示。

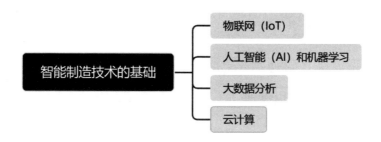

图 3-6 智能制造技术的基础

1.IoT

IoT技术是智能制造的基石，它通过在机器、设备和物品上安装传感器和软件，使这些物体能够收集和交换数据。使用IoT，工厂可以实现设备的实时监控、资产管理以及远程控制，从而提高生产效率和设备利用率。

2.AI和机器学习

AI和机器学习算法能够分析从生产线和设备中收集的大量数据，为生产过程优化、预测维护、质量控制等提供支持。这些技术可以帮助企业预测市场需求、自动调整生产计划以及在出现问题之前识别并解决潜在的生产障碍。

3.大数据分析

大数据分析为智能制造提供数据驱动的见解，帮助企业从海量的生产数据中发现模式、趋势和异常。这些分析可以用于优化生产流程、提升产品质量以及降低运营成本。

4.云计算

云计算为智能制造提供了强大的数据存储、处理和分析能力，支持企业在全球范围内实时共享和协作。它还允许企业快速部署新的应用和服务，以适应市场的变化和需求。

4.2.3　自动化技术的基础

自动化技术的基础是现代工程和科学领域中的核心组成部分，它使系统能够在减少人为干预的情况下自动执行任务、实现控制和优化。自动化技术的基础主要包括传感器技术、控制系统、机器学习与AI以及通信技术等。

传感器技术是自动化的基石之一。传感器能够实时地感知并测量物理量、化学量或其他各种信息，并将其转换为电信号或数字信号，从而为自动化系统提供实时的环境数据。例如，温度传感器、压力传感器、光电传感器等广泛应用于工业自动化、智能家居和汽车行业等领域。

控制系统是自动化技术的关键组成部分。控制系统负责对传感器获取的信息进行处理、分析，并通过执行器对系统进行控制，以实现预定的目标。传统的控制系统包括比例-积分-微分控制器（PID控制器）和逻辑控制器等，而现代控制系统则更多地采用基于计算机的控制技术，如可编程逻辑控制器和分布式控制系统。

机器学习与AI也日益成为自动化技术的重要支柱。机器学习技术使系统能够从数据中学习并改进性能，而AI赋予系统更高级的智能和决策能力。在自动化领域，机器学习和AI被广泛应用于模式识别、故障诊断、预测维护和智能控制等方面，从而提高了系统的自适应性和智能化水平。

此外，通信技术也是自动化技术的重要基础。现代自动化系统通常是分布式的，各个子系统之间需要实时进行数据交换和通信。

4.2.4　智能制造和自动化在新时代的应用

在新时代，随着工业4.0和数字化转型的推进，智能制造和自动化技术正在经历前所未有的发展，成为推动制造业创新、提升效率和实现可持续发展的关键力量。智能制造利用先进的信息技术和工业自动化技术，通过网络化、数字化、智能化手段，改变生产模式和企业组织形态，实现制造资源的最优配置和管理。以下是智能制造和自动化在新时代的一些关键应用场景。

1.工业物联网

工业物联网是智能制造的基石之一，它通过将生产线上的机器、设备和系统连接到网络上，实时收集、分析数据，从而实现高度的监控、优化和自动化。这些数据可以用于预测性维护、生产流程优化和资源节约，大大提高了生产效率。

2.机器人与协作机器人

在智能生产线上，传统自动化机器人和更灵活、更安全的协作机器人被广泛应用于装配、包装、搬运等任务。协作机器人的特点是能够与人类工人安全共处，它们可以在没有安全围栏的情况下操作，使自动化更加灵活和可访问。

3.AI和机器学习

AI和机器学习在预测维护、质量控制和自动化决策过程中发挥着重要作用。通过分析大量数据，机器学习算法可以预测设备故障、优化生产流程并自动调整生产参数，实现更高的生产灵活性和效率。

4.云计算与边缘计算

云计算为智能制造提供了强大的数据处理和存储能力，使企业能够以更灵活和提高成本效益的方式访问重要的IT资源和应用。与此同时，边缘计算则将数据处理能力带到数据源附近，减少延迟，提高了对实时决策支持的反应速度。

5.定制化生产和服务

智能制造和自动化技术的结合，让制造企业能够更有效地响应消费者对高度定制化产品和服务的需求。通过灵活的生产线和高度集成的供应链，企业可以快速适应市场变化，提供个性化的产品和服务。

智能制造和自动化在新时代的应用无疑是多方位的，既涵盖了生产制造的各个层面，也包括了企业运营和管理的各个方面。随着相关技术不断发展与成熟，预计未来会有更多创新的应用和实践出现，进一步推动制造业的转型升级。

4.2 预测性维护的数字化革命

4.2.1 预测性维护的概念

预测性维护是一种维护策略，它利用数据分析工具和技术对设备的运行状况进行监控和分析，目的是预测设备可能出现的潜在故障并在发生故障前进行维护。与传统的预防性维护（定期维护）和反应性维护（故障修复）不同，预测性维护致力于仅在维护实际需要时才进行干预，从而优化维护工作计划，减少不必要的维护活动。随着数字化技术和工业互联网的发展，预测性维护正在经历一场数字化革命。

4.2.2 预测性维护的组成部分

1.数据采集

使用传感器和监控装置实时采集关键性能指标，如温度、压力、振动、声音和电流等。

2.数据处理与分析

将采集到的数据传输到数据处理中心，利用历史数据进行分析和评估，以辨识异常模式或趋势。

3.预测算法

使用统计学、机器学习或AI算法来建立模型，并根据模型预测故障发生的可能性和时间。

4.维护决策

基于分析和预测结果进行决策，争取在设备发生故障前，安排适当的维护以防止停机。

5.维护执行

将预测整合到维护流程中，确保资源合理分配和维护活动有效执行。

6.反馈和优化

通过实时监控和评估维护效果，不断收集反馈信息并调整维护模型以提高准确性。

4.2.3　预测性维护的数字化

预测性维护的数字化将成为工业生产中不可或缺的重要环节。这一发展趋势在于利用数字化技术和数据分析手段，通过实时监测设备和系统运行状态，预测设备可能出现的故障或问题，从而提前采取维护措施。

首先，IoT技术的应用将推动预测性维护向更高水平发展。IoT技术可以实现设备的远程监测和数据采集，将设备运行数据实时传输到云端，为预测性维护提供数据基础。未来随着IoT技术的普及和成熟，设备之间将实现更加高效的数据交互，为预测性维护提供更为丰富和准确的数据支持。

其次，大数据分析与机器学习的应用将使预测性维护更加精准和可靠。这些技术可以对海量的设备数据进行快速有效的分析和挖掘，发现设备运行状态的规律和异常变化，为故障预测和维护决策提供支持。随着算法不断优化和数据处理能力提升，预测性维护将变得更加智能化和高效化。

再次，实时监测与远程操作的结合也将是未来发展的重点。通过实时监测设备运行状态，并结合远程操作技术，可以实现对设备的及时干预和调整，以提高设备的稳定性和可靠性。随着5G技术普及和网络速度提升，实时监测和远程操作将变得更加高效和便捷。

最后，预测性维护平台的建设将为数字化预测性维护提供更加完善的支持。这样的平台可以整合设备数据、分析工具和维护资源，提供一站式的维护管理服务。未来，预测性维护平台将逐渐普及和完善，为企业提供更加智能化和定制化的维护解决方案，促进工业制造的持续发展和生产效率的提升。

4.3 智能时代的物流智慧

智能时代的物流智慧指的是通过采用AI、IoT、自动化、大数据分析、云计算、区块链等先进科技来提高物流和供应链管理效率、降低成本、增强透明性、提升客户体验并促进可持续发展的一种综合性物流管理策略。这个概念反映了物流行业对数字化转型的响应，以应对全球化市场不断增长的复杂性和挑战。物流智慧致力于将这些技术深度融合到物流系统的各个环节中。几个关键应用案例如下：

1.智能仓库管理

自动化存取系统：使用自动化货架和仓库机器人来存放、拣选和搬运商品，如自动引导车、自主移动机器人。

无人机盘点：使用无人机搭载扫描设备进行快速、高效的库存盘点。

智能货架：具备重量感应和射频识别（Radio Frequency Identification，RFID）技术的货架能自动监测库存状况并实时更新数据。

2.供应链优化

需求预测：通过分析市场数据、销售历史和季节性趋势，采用机器学习模型来预测未来需求，从而更精准地管理库存。

动态定价：利用算法分析供需变化，动态调整商品价格以优化销售和库存。

协同计划、预测和补货：供应链各方共享数据来增强预测准确性，提高供应链整体的响应能力。

3.运输优化

高级路线规划：使用AI和实时交通数据来规划最优运输路线，避开拥堵和减少运输时间。

车队管理系统：通过GPS（全球定位系统）和IoT技术监控车辆状态和性能，实现最佳车队调度和减少维护成本。

预测性维护：基于数据分析，识别潜在的车辆故障问题，并在事故发生前进行维修。

4."最后一公里"配送

无人配送车：使用无人驾驶车辆进行商品配送，特别是在城市密集区。

无人机配送：适用于快速、小件或偏远地区的配送。

智能快递柜：自助收发货柜减少了配送失败率，提高了配送效率和客户满意度。

5.透明性和可追溯性

实时货物追踪：通过IoT设备（如GPS追踪器和RFID技术），实现对运输中货物的实时监控。

区块链应用：为供应链中的每个商品创建一个数字通行证，提供不可篡改的产品来源和经过的每个节点的记录，用于增强供应链的透明性和减少欺诈。

物流智慧的应用不仅提高了运营效率、降低了成本，同时也对环境保护和社会责任提出了新的要求，推动物流行业走向更可持续发展的未来。随着技术持续进步，预计未来物流智慧会有更多创新应用出现，将进一步改变供应链管理的面貌。

4.4 工业机器人和自动导航的科技交响曲

工业机器人和自动导航技术的结合正在重塑制造业、物流业和许多其他行业，这种结合可以被视为一场现代化的"科技交响曲"。随着技术进步，特别是在AI、机器学习、传感器技术和大数据分析等领域，工业机器人变得更加智能，不仅能够执行重复性高、危险性高或是人力难以承受的任务，还能够自动导航和做出决策，实现更加复杂的作业。

4.4.1 工业机器人和自动导航技术结合的概念

工业机器人和自动导航技术结合是指将工业机器人的操作能力与自主移动和导航技术相结合，以提高机器人的灵活性、自主性和效率。这种结合使机器人不仅能在固定位置执行特定任务，还能在工作环境中自主移动，执行多样化的动态任务。工业机器人和自动导航技术结合的几个关键概念如下：

1.自动化与移动性的结合

传统的工业机器人往往被限制在一个固定工作空间内，而通过引入自动导航技术，这些机器人获得了移动的能力，能够在更大范围内自主进行工作，增强了其适用性和灵活性。

2.环境感知与智能决策

结合自动导航技术的工业机器人配备有各种传感器，如摄像头、激光雷达和超声波传感器，这些传感器使机器人能够感知周围环境、理解空间布局，并在复杂的环境中做出智能决策，以避开障碍物，安全、高效地执行任务。

3.实时数据与连通性

此技术的一个重要方面是实时数据的收集和处理，以及与其他系统的连通性。通过IoT技术，机器人可以实时分享其状态、位置和工作进度，实现与其他机器人、自动化系统和人类操作员的无缝协作。

4.机器学习与自我优化

通过机器学习算法，结合自动导航的工业机器人能够从其操作和环境中学习，不断优化其路径规划和任务执行策略，随着时间积累，它们的效率和准确性将进一步提升。

4.4.2　工业机器人和自动导航技术结合的优势

工业机器人与自动导航技术的结合为现代自动化和智能制造领域带来了显著的优势。很显然，这种结合提高了生产效率和灵活性。

首先，工业机器人配备了自动导航技术后，能够在工厂内自由移动，根据生产需求实现灵活调整，包括工作位置和任务。这种移动性使机器人能够快速适应不同的生产线，从而提高了生产线的灵活性，进而提升了整体生产效率。

其次，结合自动导航技术的工业机器人能够降低人力成本。自动导航技术使机器人能够在少量甚至无须人工干预的情况下完成复杂的运输和搬运任务。这样一来，企业可以减少对人力的依赖，从而节省大量的劳动成本，在提高生产效率的同时降低了成本。

再次，结合自动导航技术的工业机器人还能够提升生产环境的安全性。在危险或人类难以接近的环境中，机器人可以代替人类执行任务，减少了人类受伤的风险。通过在生产现场实现自主导航，机器人可以避免与人类或其他设备发生碰撞，提高了生产过程的安全性和稳定性。

4.4.3 工业机器人和自动导航技术结合的技术挑战

工业机器人与自动导航技术的结合在提升生产效率和灵活性的同时，也面临着一些技术挑战。

环境感知和导航精度是其中的一个关键挑战。工业机器人需要能够准确感知周围环境并实现精确导航，以避免碰撞、优化路径规划等。然而，工厂环境通常复杂多变，包括移动障碍物、不规则地形等，这就要求机器人具备高精度的环境感知和导航能力，以应对各种挑战。

实时动态规划也是一个挑战。在工业生产过程中，环境、任务和障碍物的状态可能会实时变化，因此机器人需要具备实时动态规划能力，能够及时调整路径和任务规划，以适应不断变化的工作场景，确保生产的连续性和高效性。

另外，通信和数据安全也是一个重要考虑因素。自动导航技术通常依赖于无线通信和数据传输，而工业环境对通信和数据安全性要求较高。因此，必须确保机器人与导航系统之间的通信是稳定可靠的，同时采取相应的安全措施，保护数据免受未经授权的访问和篡改。

4.4.4　工业机器人和自动导航技术结合的未来发展

工业机器人与自动导航技术的结合具有巨大的潜力，在未来的发展中将会有几个关键方向。

随着AI和机器学习的不断进步，工业机器人将具备更强大的智能化和自主学习能力。这使机器人能够更好地适应复杂多变的工厂环境，并能够根据实时数据做出更加智能的决策，进一步提升生产效率和灵活性。

感知技术发展将为工业机器人的环境感知和导航精度提供更多可能性。例如，三维视觉、激光雷达等先进感知技术的应用将使机器人能够更准确地感知周围环境，并实现更精准的导航和路径规划，从而提高工作效率和安全性。

无线通信技术和物联网技术的发展将进一步增强工业机器人与自动导航系统之间的互联互通能力。通过更快速、更稳定的数据传输，机器人可以实现更高效的实时调度和协作，从而进一步提升生产线的整体效率和灵活性。

另外，虚拟现实和增强现实等新兴技术的应用将为工业机器人的操作和维护提供更多便利。例如，工程师可以通过虚拟现实技术远程监控和操作机器人，从而减少人工干预的需要，提高生产效率和安全性。

综上所述，工业机器人与自动导航技术的结合将在未来继续发挥重要作用，并随着人工智能、感知技术、通信技术等方面的不断进步而不断演进和完善，推动工业自动化和智能制造领域迈向新的高度。

第五章

应用前沿与展望探寻

在当今快速发展的科技领域，AI已经成为引领创新和变革的关键力量。从智能机器人到自动辅助驾驶车辆，从智能医疗到智能城市，AI的应用正在深刻地改变着我们的生活和工作方式。在这个充满机遇和挑战的时代，AI的应用前沿与展望更是成为我们关注的焦点。

5.1 AI 在医疗保健中的未来应用

AI在医疗保健中将扮演着越来越重要的角色。

在医学影像诊断方面，AI可以通过深度学习算法对医学影像数据进行快速、准确的分析，帮助医生更准确地诊断疾病。这将大大缩短诊断时间，提高诊断的准确性。

在个性化治疗方面，AI可以利用患者的基因组数据和临床信息制定个性化的治疗方案。通过机器学习算法分析大数据，可以预测患者对不同治疗方案的反应，从而帮助医生选择最有效的治疗方法，提高治疗成功率。

在远程监护与诊疗方面，随着IoT技术的发展，智能健康监测设备可以实时监测患者的生理参数，并通过AI算法分析数据，及时发现异常情况并提供预警。这将使患者可以在家中得到有效的医疗监护，减少医疗事故发生。

在临床决策支持方面，AI可以分析大量的临床数据和医学文献，为医生提供最新的研究进展、诊断建议和治疗方案，帮助医生做出更准确的诊断和治疗决策。

在医疗资源优化方面，AI可以预测疾病的流行趋势和患者的就诊需求，帮助医院合理安排医疗资源的分配，优化医疗服务流程，提高医疗资源的利用效率。

5.2　智能城市与可持续发展的共舞

智能城市与可持续发展的共舞是一个多方面、多层次的相互作用过程，在这一过程中，技术、政策、社会以及环境的方方面面相互协调，共同促进城市的长远发展。

智能城市通过数字化和自动化提高生产效率和服务质量，促进经济增长，同时确保资源使用的效率化。智能制造、在线零售和远程工作等模式不仅减少了对物质资源的需求，而且通过减少不必要的物理移动，降低了能源消耗和环境压力。

智能城市通过提供更加方便、可访问的服务和设施，努力提高社会包容性和公平性。这包括提高医疗、教育、交通等公共服务的质量和可获得性，尤其是对于边缘群体和低收入家庭。智能城市的目标是消除数字鸿沟，确保所有市民都能享受到技术进步带来的好处。

智能城市与可持续发展的共舞体现了一种全面的、系统的发展模式，其中科技创新服务于可持续的城市生活，促进了环境保护、社会福祉和经济繁荣的平衡。借助于智能技术，我们有机会重新定义城市生活的未来，使之更加绿色、智能和包容。

5.3　金融科技与区块链的结合

在过去的几年中，金融科技与区块链技术的结合一直是金融行业最令人激动的发展领域之一。这种结合不仅提高了金融服务的效率和安全性，还大大拓展了金融服务的可及性和创新性。

DeFi代表了金融科技与区块链结合的前沿应用之一。DeFi利用区块链技术去中心化金融市场，为用户提供去中心化的借贷、交易、投资等金融服务。通过智能合约自动执行交易，DeFi平台摆脱了对传统金融机构的需要，实现了更高效率和更低成本的金融服务。

在供应链管理领域，区块链提供了一种追踪商品从生产到消费全过程的可靠方式。每一笔交易和转移都被记录在区块链上，提高了供应链的透明性和效率，同时减少了欺诈和错误的可能性。这种技术的应用，特别是结合IoT技术，预示着供应链管理将变得更加智能和自动化。

数字身份验证是区块链在另一个领域的创新应用，旨在解决身份盗窃和数据滥用问题。通过创建不可篡改的数字身份，并使用区块链技术进行安全验证和存储，用户可以更安全地进行在线交易和访问服务，同时保护其隐私和数据安全。

　　智能合约是金融科技与区块链结合的核心技术之一，它允许合约在满足预定条件时自动执行，从而实现自动化的交易和服务。这不仅提高了金融服务的效率和透明性，还减少了欺诈和争议的可能性。智能合约的应用范围正在快速扩展，从简单的转账到复杂的金融衍生品和保险产品，预示着金融合约的未来将更加智能和自动化。

　　总之，金融科技与区块链的结合为金融服务行业带来了革命性的变革。这种结合不仅提高了金融服务的效率、安全性和透明性，还扩大了金融服务的范围，为全球用户提供了更多的金融机会。

5.4　教育领域的新潮流

随着AI迅速发展，教育领域的新潮流正在塑造未来的学习方式。这些创新在提高教育质量、增加学习机会和提高学习效率方面发挥着关键作用。

借助AI技术，个性化学习正成为教育领域的一大趋势。AI可以分析学生的学习习惯、优势和弱点，从而提供定制化的学习计划和资源，使学习更加符合学生的个人需要。这种方式有助于提高学习效率，同时增加学生的参与度和学习兴趣。

在个性化学习领域，AI利用大数据和机器学习算法分析学生的学习行为和成绩，以识别每个学生的学习偏好和能力水平，从而提供符合他们需求的学习材料和活动。同时，智能辅导系统能够在学生遇到困难时提供实时的指导和反馈，确保他们能够及时掌握知识点。

AI在评估和反馈方面同样显示出巨大潜力，自动评分系统能迅速并公正地批改学生的作业和试卷，提供详细的反馈以帮助学生改进学习策略。这样不仅极大地减轻了教师的工作负担，也让教育更加关注于学生的能力提升而非简单的知识灌输。

总之，AI在教育中的应用为学习提供了新的路径，为教学打开了新的视野，也为教育的未来带来了新的可能。通过创新和智能化的解决方案，AI不仅能够提高教育的可访问性和个性化水平，还能够推动教师和学生共同成长和发展。随着技术不断进步，预计AI将在教育中扮演越来越重要的角色。

随着各行各业对AI的深入应用，我们看到了智能机器人的出现、自动驾驶技术的日益成熟、医疗诊断的精度和效率不断提高以及智能城市的建设和管理。这些都展现了AI对社会发展和生活方式的深远影响，让我们看到了智慧的未来的可能性。智慧的未来是一个充满希望和挑战的未来，我们需要以开放的心态和智慧的眼光去拥抱AI，引领人类社会走向更加智慧、繁荣和可持续发展的道路。让我们携手共建一个更加智慧、和谐的未来，让人工智能为人类社会带来更多福祉和进步。让我们共同期待智慧的未来，为人工智能的发展贡献自己的智慧和力量。

第四篇
数字仙境
——元宇宙

在当今数字科技飞速发展的时代，元宇宙概念的兴起如一颗耀眼的新星，引发了无数人的好奇和想象。在本篇中，我们将深入探索元宇宙的世界，揭示其背后的奥秘和可能性。我们将探讨元宇宙的概念起源和发展历程，剖析其核心特征和技术基础，探索其在各个领域的应用场景和未来发展趋势。通过对元宇宙的揭秘和探索，我希望能够为读者呈现一个全面而深入的元宇宙世界，引领大家共同探索数字化未来的新篇章。

2023年12月29日，元宇宙成为多地政府关注的重点领域，上海市发布了《上海市关于提升能力完善体系 创优环境 引进培育贸易商的工作方案》，鼓励企业扩大元宇宙等数字技术和产品的出口。这些政策不仅为元宇宙产业的发展提供了方向指引，还通过政策支持促进了相关企业的快速发展和产业的繁荣。

第一章

揭秘元宇宙的世界

究竟什么是元宇宙？它蕴藏着怎样的未知世界？这个概念的诞生和演进意味着什么？这些问题激发着人们对未来的探索和思考。元宇宙被视为 Web3.0 的实现，其中区块链和 NFT等技术最终将创建一个真正去中心化的数字世界。

1.1 穿越数据之门的"元宇宙"是什么?

1.1.1 元宇宙的概念

元宇宙作为当今数字化时代的一个引人注目的概念,正逐渐成为人们关注的焦点。它不仅是科幻作品中的虚构概念,更逐渐成为现实的数字世界,将人们的生活、工作和娱乐等各个领域推向一个全新的境界。下面我们将深入探讨元宇宙的概念,并探究其背后的本质和意义。

1.元宇宙的本质和定义

元宇宙是一个融合了虚拟、现实和增强现实的多维度数字生态系统。在元宇宙中,人们可以通过数字化的方式进入一个虚拟的世界,与现实世界进行互动和交流,创造属于自己的数字化生活空间。元宇宙不仅是一个技术概念,更是一种全新的数字化社会形态的体现。它超越了传统的虚拟现实概念,将人们带入了一个超越现实的数字化世界。

2.元宇宙的特征和属性

元宇宙具有多种特征和属性,包括以下几点,如图4-1所示。

(1)无边无际的空间。元宇宙是一个无边无际的虚拟空间,其中包含了无数个虚拟世界和场景。人们可以自由地在其中移动和探索，没有任何物理上的限制。

（2）实时互动和社交。在元宇宙中，人们可以通过虚拟化的身份和环境与他人进行实时的互动和交流。无论是在虚拟世界中的虚拟聚会、虚拟演出，还是通过虚拟社交平台进行的虚拟社交，都可以实现实时的互动和社交。

（3）个性化和定制化体验。元宇宙具有个性化和定制化体验的特征。在这个虚拟的世界中，人们可以根据自己的喜好和兴趣来定制自己的数字化身份和环境。

（4）数据驱动的生态系统。元宇宙是一个数据驱动的生态系统，人们产生的每一个行为、每一个创造都将产生大量的数据，并通过网络进行传输和共享。

（5）多样化的应用场景。元宇宙具有多样化的应用场景特征。从数字娱乐、社交互动到教育、医疗等各个领域，元宇宙都有着广泛的应用场景。

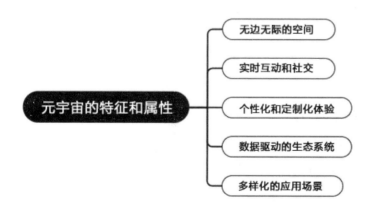

图4-1 元宇宙的特征和属性

1.1.2　元宇宙的起源和发展历程

元宇宙的概念虽然在近年来备受关注，但其起源可以追溯到早期的科幻文学以及虚拟现实技术的发展。在本节中，我们将追溯元宇宙的起源，探索其发展历程，并剖析其演变过程中的关键事件和里程碑，元宇宙的发展历程如图4-2所示。

1.元宇宙概念的起源

"元宇宙"一词最早出现在科幻小说《雪崩》中，这是尼尔·斯蒂芬森（Neal Stephenson）于1992年出版的。在小说中，作者描绘了一个虚拟的多维度世界，人们可以在其中创造、交流和生活，这就是元宇宙的最早概念。

2.虚拟现实（VR）技术的发展

随着科技不断进步，VR技术开始逐渐成熟和普及化。20世纪90年代末至21世纪初，随着计算机图形学、人机交互技术以及头戴式显示器等技术的发展，VR技术开始进入人们的视野。

3.AI的突破

近年来，随着AI的不断突破和发展，元宇宙的概念开始得到进一步的拓展。AI在语音识别、自然语言处理、图像识别等方面取得了重大突破，使虚拟世界的交互和体验变得更加智能化和自然化。

4.区块链技术的应用

区块链技术的应用也为元宇宙的发展提供了新的可能性。区块链技术可以实现去中心化的数据存储和管理，保障数据的安全和隐私。

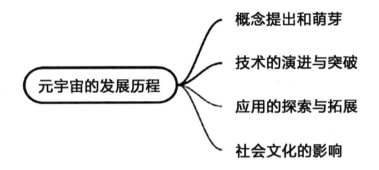

图4-2元宇宙的发展历程

1.1.3 元宇宙与传统虚拟空间的区别

元宇宙作为数字化时代的新概念，与传统虚拟空间在多个方面存在显著的区别。在本节中，我们将探讨元宇宙与传统虚拟空间之间的区别，从技术、体验、社交以及价值观几个方面进行详细比较。如表4-1所示。

1.技术层面的区别

传统虚拟空间往往基于单一的VR技术，如计算机图形学、头戴式显示器等。这些技术虽然能够提供一定程度上的沉浸式体验，但通常缺乏真实感和交互性。而元宇宙则涵盖了更多的技术范畴，包括VR、AR、AI、区块链等。

2.体验层面的区别

传统虚拟空间往往是一个封闭的虚拟世界，用户需要穿戴特定的设备才能进入其中，而且通常只能进行有限的互动和体验。相比之下，元宇宙更加开放和多样化。

3.社交层面的区别

传统虚拟空间的社交功能通常局限于特定的虚拟环境或游戏平台，人们的社交行为往往受到限制。而元宇宙则将社交功能融入整个虚拟生态系统中，人们可以在任何虚拟环境中进行实时的互动和交流，与世界各地的人们建立联系和关系。

4.价值观层面的区别

传统虚拟空间往往以娱乐和消遣为主，人们在其中进行游戏、聊天等活动，体验短暂的乐趣。而元宇宙则更加注重个性化、自由、共享和创造。

表4-1 元宇宙与传统虚拟空间的对比

	元宇宙	传统虚拟空间
技术	技术范畴广泛，包括VR、AR、AI、区块链等	通常基于单一的虚拟现实技术，如计算机图形学、头戴式显示器等
体验	提供高度沉浸、多样化的虚拟体验	体验相对单一，缺乏真实感和交互性
社交	开放、多样化的社交体验，打破地域和时空限制	通常局限于特定环境或平台，社交功能受限
价值观	注重个性化、自由化、共享和创造	主要以娱乐和消遣为主，体验短暂的乐趣

1.2　元宇宙与虚拟现实、增强现实的交织

1.2.1　虚拟现实的定义和特点

虚拟现实是一种通过计算机技术创建的模拟环境。在本节中，我们将探讨VR的定义、特点以及其在不同领域中的应用。

1.VR的定义

VR是一种通过计算机技术模拟现实世界的环境，使用户能够在其中进行沉浸式体验的技术。通过VR技术，用户可以真切地感受到虚拟环境中的视觉、听觉、触觉等感官体验，从而获得一种身临其境的感觉。

2.VR的特点

VR的主要特点如下。

（1）沉浸式体验。VR技术可以为用户提供沉浸式的体验。通过头戴式显示器等设备，用户可以完全沉浸在虚拟环境中，与虚拟世界进行互动和交流。

（2）多感官体验。VR技术不仅可以模拟视觉上的体验，还可以模拟听觉、触觉等多种感官体验。通过立体声耳机、触摸反馈设备等，用户可以在

虚拟环境中获得更加真实和丰富的感官体验。

（3）实时互动。VR技术可以实现实时的互动和交流。在虚拟环境中，用户可以与虚拟世界中的对象进行实时的互动，如触摸、移动等，从而增强了用户的参与感和体验感。

（4）个性化定制。VR技术可以实现个性化定制的体验。用户可以根据自己的喜好和需求定制虚拟环境中的场景、角色等元素，从而获得更加个性化和符合自己需求的体验。

（5）跨越时空限制。VR技术可以帮助用户跨越时空的限制，体验到一些无法在现实生活中体验到的场景。用户可以在虚拟环境中体验到飞行、潜水、探险等各种奇妙的项目，从而开阔自己的视野。

（6）应用领域广泛。VR技术在各个领域都有着广泛的应用。从娱乐、教育、医疗到工业、军事等各个领域，VR技术都有着重要的应用价值，为人们提供了全新的体验和解决方案。

3.VR的应用领域

VR技术在各个领域都有着广泛的应用，包括但不限于以下方面。

（1）娱乐行业。VR技术被广泛应用于游戏、电影、主题乐园等娱乐领域，为用户提供沉浸式的娱乐体验。

（2）教育领域。VR技术被应用于教育培训中，为学生提供更加直观、生动的学习体验，以提高学习效率。

（3）医疗领域。VR技术被应用于医学模拟、手术培训、康复治疗等方面，为医疗保健提供新的解决方案。

（4）工业领域。VR技术被应用于设计、仿真、培训等方面，为工业生产提供新的工具和方法。

（5）军事领域。VR技术被应用于军事模拟、训练、作战指挥等方面，提高了军事训练的效果和安全性。

1.2.2　增强现实的定义和特点

增强现实是一种将虚拟信息叠加到现实世界中，通过计算机生成的图像、视频或音频等信息来扩展用户感知的技术。在本节中，我们将探讨AR的定义、特点以及其在各个领域中的应用。

1.AR的定义

AR是一种技术，它通过计算机技术将虚拟信息叠加到现实世界中，从而扩展用户的感知和体验。

2.AR的特点

AR具有以下几个主要特点：

（1）叠加现实和虚拟。AR技术将虚拟信息叠加到现实世界中，使用户可以在现实世界中看到虚拟的物体、场景或信息。这种叠加的方式扩展了用户的感知和体验，使用户可以同时感知现实世界和虚拟世界。

（2）交互性和实时性。AR技术具有交互性和实时性。用户可以通过移动设备或头戴式显示器等与虚拟信息进行实时的互动和交流。

（3）位置感知和环境感知。AR技术具有位置感知和环境感知的特点。通过传感器、摄像头等设备，AR系统可以感知用户所处的位置和周围的环境，从而实现对虚拟信息的精确叠加和呈现。

（4）个性化定制和定位服务。AR技术可以实现个性化定制和定位服务。通过用户的个人信息和偏好，AR系统可以为用户提供个性化定制的虚拟信息和服务。

（5）多领域应用。AR在各个领域都有着广泛的应用。从娱乐、教育、医疗到工业、军事等各个领域，AR技术都有着重要的应用价值，为人们提供了全新的体验和解决方案。

3.AR的应用领域

AR技术在各个领域都有着广泛的应用，包括但不限于以下方面。

（1）娱乐行业。AR技术被广泛应用于游戏、影视、主题乐园等娱乐领域，为用户提供沉浸式的娱乐体验。

（2）教育领域。AR技术被应用于教学、培训、科普等方面，为学生提供更加生动、直观的学习体验。

（3）医疗领域。AR技术被应用于医学模拟、手术导航、康复治疗等方面，为医疗保健提供新的解决方案。

（4）工业领域。AR技术被应用于设计、制造、维护等方面，提高了工业生产的效率和质量。

（5）军事领域。AR技术被应用于军事模拟、训练、作战指挥等方面，提高了军事训练和作战的效果。

1.2.3　元宇宙中的 VR 和 AR 应用案例

元宇宙作为数字化世界的一个重要概念，正在日益成为现实，并为VR和AR技术的应用提供了广阔的舞台。在本节中，我们将探讨元宇宙中VR和AR的应用案例，以及这些应用如何推动了元宇宙的发展，AR和VR的对比如图4-3所示。

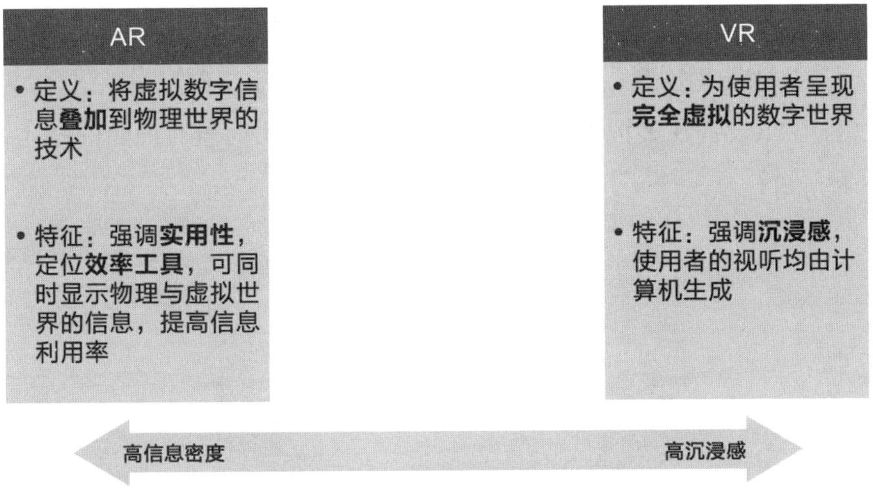

图4-3　AR和VR的对比

1.VR在元宇宙中的应用案例

（1）VR社交平台。在元宇宙中，VR技术被广泛应用于社交平台。用户可以通过VR设备进入一个虚拟的社交空间，在其中与其他用户进行互动和交流。

（2）VR教育平台。VR技术在元宇宙中也被应用于教育领域。教育机构和培训机构可以利用VR技术创建虚拟的教育场景，使学生可以在其中进行沉浸式学习。

（3）VR艺术展览。在元宇宙中，VR技术被应用于艺术展览领域。艺术家和艺术机构可以利用VR技术创建虚拟的艺术展览，使用户可以通过VR设备欣赏艺术作品

2.AR在元宇宙中的应用案例

（1）AR导航服务。在元宇宙中，AR技术被应用于导航服务领域。用户

可以利用AR设备获取实时的导航信息，包括路线规划、导航指引等。

（2）AR购物体验。AR技术在元宇宙中也被应用于购物体验领域。用户可以利用AR设备在虚拟世界中浏览和购买商品，实时查看商品的样式、颜色、尺寸等信息。

1.3　探寻元宇宙发展历史的数字时光之旅

1.3.1　元宇宙概念的萌芽与发展

元宇宙作为一个引人瞩目的概念，承载着人类对于数字化世界的向往和探索。在本节中，我们将探讨其起源、演变以及对于数字化时代的重要意义，主要体现在以下几个方面：

1.引领科技发展

元宇宙概念的萌芽和发展反映了科技发展的引领作用。通过对于虚拟世界的想象和探索，人们不断推动着科技发展和创新，为构建一个数字化的、全息的虚拟世界奠定了基础。

2.推动社会发展

元宇宙概念的萌芽和发展推动了社会的发展和进步。通过构建一个数字化的虚拟世界，人们可以在其中进行各种社交、商业、娱乐等活动，促进了社会交流和合作，推动了经济发展和文化交流。

1.3.2　元宇宙技术的演进与突破

元宇宙的构想激发了科技领域对于数字化世界的探索与创新。从最初的概念提出到如今的实际应用，元宇宙技术经历了漫长而又不断进步的历程。

1.早期的VR技术

元宇宙的雏形可以追溯到早期的VR技术。20世纪60年代，伊万·苏泽兰特（Ivan Sutherland）和他的学生在麻省理工学院开发出了世界上第一个VR头戴式显示器，被称为"头盔式显示器"。

2.VR与AR技术的进步

VR和AR技术的不断进步为元宇宙的实现提供了更为强大的技术支持。随着计算机图形学、传感器技术、显示技术等方面的不断进步，VR设备的性能不断提升，用户体验得到了极大的改善。

3.AI与元宇宙的融合

AI的不断发展为元宇宙的智能化和个性化提供了可能。机器学习、自然语言处理、计算机视觉等AI的应用使元宇宙系统具备了更高的智能化水平，能够根据用户的需求和偏好提供个性化的服务和体验，进一步丰富了元宇宙的内容和功能。

1.3.3　元宇宙发展的挑战

随着科技不断发展和元宇宙概念日益成熟，人们对元宇宙的未来充满了期待和想象。与此同时，元宇宙所面临的挑战也不容忽视。在本节中，我们将探讨元宇宙未来的展望与挑战，以期更好地了解其发展前景及面临的困难。

1.元宇宙的发展前景

元宇宙的发展前景令人振奋。随着VR、AR、AI、区块链等技术不断创新和应用，元宇宙将逐渐成为一个融合了现实与虚拟的数字世界，为人们提供更加丰富、多样化的体验和服务。

2.元宇宙在未来所面对的挑战

（1）技术发展。尽管元宇宙的发展前景令人期待，但其技术发展仍面临诸多挑战。例如，VR和AR技术提升、区块链技术完善、AI算法优化等都是当前亟待解决的问题。

（2）安全与隐私问题。随着元宇宙的发展，安全与隐私问题愈发突出。虚拟世界中的个人信息和交易数据面临着被窃取和滥用的风险，而VR技术的普及也可能带来新的安全隐患，如虚拟世界中的身份盗窃和网络欺诈等。

（3）数字鸿沟。元宇宙的普及也将面临数字鸿沟的挑战。由于技术、设备和网络的不平等，一些地区和群体可能无法享受到元宇宙带来的好处，导致数字鸿沟进一步扩大。

（4）法律与监管。元宇宙的发展也面临法律与监管的挑战。虚拟世界中的交易、合约和行为需要建立起相应的法律体系和监管机制，以保障用户的权益和社会的稳定。

（5）文化冲突与认同。随着元宇宙的发展，不同文化之间的冲突与认同也可能成为一个挑战。虚拟世界中的文化表达和交流将面临着不同文化观念和价值观念的碰撞，可能引发文化冲突和认同危机。

（6）人机关系与社会影响。随着AI和机器学习技术的应用，元宇宙也将面临人机关系与社会影响的挑战。虚拟世界中的智能机器人和虚拟助手可能改变人们的生活和工作方式，引发人机关系变化和社会结构调整。

（7）环境可持续性。元宇宙的发展也需要考虑环境可持续性的问题。虚拟世界中大量数据的存储和处理需要消耗大量的能源和资源，可能对环境产生不利影响。

第二章

数字仙境的密码

　　随着科技不断发展和创新，我们正处在数字化时代的浪潮之中。本章将深入探讨数字仙境的密码，从多个角度解读其本质、特征、应用和未来展望。

2.1 区块链技术在元宇宙中的应用

2.1.1 元宇宙中的身份验证和数字资产管理

随着数字化时代的到来，元宇宙作为一种全新的数字化空间，其发展对于身份验证和数字资产管理等方面提出了新的挑战和需求。

1.区块链技术在元宇宙中的身份验证

（1）去中心化身份验证。区块链技术可以实现去中心化的身份验证，用户可以通过在区块链上注册和存储自己的身份信息，以公钥和私钥加密算法保护隐私，实现安全、可靠的身份验证。

（2）数字身份标识。区块链技术可以实现用户的数字身份标识管理，用户可以在区块链上创建自己的数字身份标识，并将其与个人信息、资产信息等关联起来。

（3）智能合约的应用。智能合约是一种基于区块链技术的自动化合约，可以在区块链上执行预先编码的程序，实现自动化的身份验证和授权。

2.区块链技术在元宇宙中的数字资产管理

（1）数字资产登记。区块链技术可以实现数字资产的登记和管理，用户可以在区块链上注册和存储自己的数字资产信息，包括虚拟货币、数字证券、虚拟商品等。

（2）智能资产管理。区块链技术可以实现智能资产管理，用户可以通过智能合约实现数字资产的自动化管理和交易。

2.1.2 区块链技术在元宇宙虚拟经济中的应用案例

随着元宇宙概念的兴起，虚拟经济作为其重要组成部分之一，对于区块链技术的应用提出了新的需求和挑战。区块链技术以其去中心化、不可篡改性、可追溯性等特点，在元宇宙虚拟经济中发挥了重要作用。

1.数字资产管理

（1）加密货币交易平台。区块链技术在加密货币交易平台中的应用是最为典型的案例之一。通过区块链技术，交易平台可以实现用户数字资产的安全存储、快速交易和可追溯的交易记录。

（2）数字化资产管理平台。区块链技术可以实现数字化资产的登记、管理和交易，为用户提供了安全、便捷的数字资产管理服务。

2.交易结算

（1）跨境支付服务。区块链技术可以实现跨境支付服务，为元宇宙虚拟经济的国际化发展提供了便利。通过区块链技术，用户可以实现跨境支付、货币兑换和资金清算等功能，降低了支付成本和交易时间，促进了国际贸易和跨境投资的便利化。

（2）智能合约交易。智能合约是一种基于区块链技术的自动化合约，可以在区块链上执行预先编码的程序，实现自动化的交易结算。通过智能合约技术，用户可以实现数字资产的安全交易和快速结算，减少了中间环节和交易成本，提高了交易效率和安全性。

3.数字版权保护

区块链技术可以实现数字内容的版权登记和交易，为数字版权保护提供了新的解决方案。通过区块链技术，数字内容创作者可以将其作品的版权信息记录在区块链上，并通过智能合约技术实现数字版权的自动化管理和交易，保护数字内容创作者的合法权益。

4.虚拟资产拍卖

拍卖平台利用区块链技术实现了虚拟资产（如数字艺术品、虚拟地产、游戏道具等）的拍卖交易。通过区块链技术，拍卖平台可以确保拍卖过程的透明、公正和安全，为数字资产的交易提供了可信赖的平台和服务。

2.2 智能合约和数字资产在元宇宙中的作用

2.2.1 智能合约在元宇宙中的应用场景和优势

智能合约作为区块链技术的重要应用之一，在元宇宙中具有广泛的应用场景和独特的优势。本节将探讨智能合约在元宇宙中的应用场景，及其所具有的优势。

1.智能合约在元宇宙中的应用场景

（1）虚拟资产交易。在元宇宙中，智能合约可以用于实现虚拟资产（如数字艺术品、虚拟地产、游戏道具等）的交易。通过智能合约，用户可以在元宇宙中进行虚拟资产的安全、快速交易，无须担心交易的安全性和可信度。

（2）数字身份验证。智能合约可以用于实现数字身份验证，保护用户的隐私和安全。通过智能合约，用户可以在元宇宙中创建和管理自己的数字身份，并通过智能合约实现身份验证和访问控制，确保只有合法用户才能访问特定的数字资源。

（3）去中心化自治组织。智能合约可以用于实现DAO，实现参与者之间的自治和治理。通过智能合约，参与者可以共同决策组织的事务，并根据智能合约的设定自动执行决策结果，实现组织自动化管理和运作。

2.智能合约的优势

（1）去中心化和安全性。智能合约基于区块链技术，具有去中心化和安全性的优势。智能合约的代码是存储在区块链上的，一旦部署到区块链上，就无法被修改或删除，保证了合约的安全性和不可篡改性。

（2）透明性和可追溯性。智能合约的执行结果是存储在区块链上的，可以被所有参与者查看和验证，保证了合同执行过程的透明性和可追溯性。用户可以通过区块链浏览器查看合约的执行记录，确保合约的执行结果合法有效。

2.2.2 数字资产的交易和管理在元宇宙中的作用

数字资产的交易和管理在元宇宙中具有重要作用，它们为用户提供了丰富的虚拟体验和经济交流机会，推动了元宇宙生态系统的发展和繁荣。

1.丰富用户体验

数字资产的交易和管理丰富了用户在元宇宙中的虚拟体验。用户可以通过购买、拥有、交易数字资产，定制个性化的虚拟角色、装扮虚拟空间，以增强用户在元宇宙中的参与感和沉浸感。

2.促进经济交流

数字资产的交易和管理促进了用户之间的经济交流和价值交换。用户可以通过购买、出售、交易数字资产，在元宇宙中进行价值转移和增值，实现个人资产的增值和财富积累。

3.提高资产流动性

数字资产的交易和管理提高了资产的流动性，使得资产更加易于流通和交换。在传统经济中，许多资产的流动性较低，需要经过复杂的程序和中介机构才能进行交易，而在元宇宙中，数字资产的交易和管理可以通过智能合约实现自动化执行。

2.3 AI 与元宇宙的融合

2.3.1 AI 在元宇宙中的角色和作用

AI作为一项关键技术，在元宇宙中扮演着重要的角色，其应用涵盖了虚拟环境建设、智能代理、个性化推荐等多个领域。

1.虚拟环境建设

AI在元宇宙中扮演着虚拟环境建设的重要角色。通过机器学习、计算机视觉等技术，AI可以对用户的行为和偏好进行分析，优化虚拟环境的布局和设计，提升用户的体验感和沉浸感。

2.智能代理

AI在元宇宙中可以实现智能代理，为用户提供个性化的服务和支持。智能代理可以根据用户的需求和偏好，为其提供定制化的虚拟助手、导游、导师等服务，帮助用户更好地探索虚拟世界、解决问题和实现目标。

3.个性化推荐

AI在元宇宙中可以实现个性化推荐，为用户提供个性化的内容和体验。通过分析用户的兴趣、行为和偏好，AI可以为用户推荐适合其爱好和需求的虚拟商品、活动、社区等，增强了用户在元宇宙中的参与度和满意度。

2.3.2　AI 在元宇宙中的应用案例

在元宇宙中，AI的应用案例丰富多样，涵盖了虚拟环境建设、智能代理、个性化推荐、自然语言处理、虚拟经济和文化创新等多个领域。以下将详细介绍AI在元宇宙中的应用案例，展示其在提升用户体验、推动社交互动、促进虚拟经济和文化创新等方面的作用和影响，如图4-4所示。

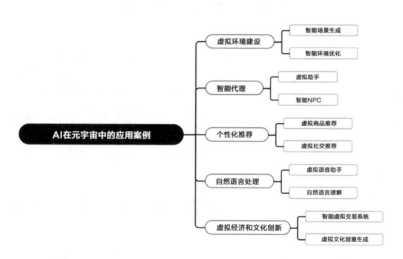

图4-4 AI在元宇宙中的应用案例

1.虚拟环境建设

（1）智能场景生成。AI在元宇宙中可以实现智能场景生成，通过机器学习和计算机视觉等技术，自动生成逼真的虚拟场景和环境。

（2）智能环境优化。AI可以实现智能环境优化，在用户参与虚拟环境的过程中动态调整环境参数，优化用户的体验感和沉浸感。

2.智能代理

（1）虚拟助手。AI在元宇宙中可以实现虚拟助手功能，为用户提供个性化的服务和支持。虚拟助手可以通过自然语言处理和语音识别技术，理解用户的语言和需求，为其提供信息检索、日程安排、导航引导等服务，提升用户在元宇宙中的生活便利性和舒适度。

（2）智能NPC（非玩家控制角色）。在游戏和虚拟社交平台中，AI可以实现智能NPC功能，为用户提供逼真的虚拟角色交互体验。

3.个性化推荐

（1）虚拟商品推荐。AI在元宇宙中可以实现个性化的虚拟商品推荐，根据用户的兴趣、行为和偏好，为其推荐适合的虚拟商品和服务。

（2）虚拟社交推荐。AI可以实现个性化的虚拟社交推荐，根据用户的社交网络、兴趣爱好等信息，为其推荐适合的社交活动和社交圈子。

4.自然语言处理

（1）虚拟语音助手。AI可以实现虚拟语音助手，在用户与虚拟环境进行交流和互动时提供语音识别和语音合成的支持。

（2）自然语言理解。AI可以实现自然语言理解，在用户与虚拟环境进行自然语言交流时进行语义理解和意图识别。

5.虚拟经济和文化创新

（1）智能虚拟交易系统。AI可以实现智能虚拟交易系统，为用户提供安全、高效的数字资产交易和管理服务。

（2）虚拟文化创意生成。AI可以实现虚拟文化创意生成，通过机器学习和生成对抗网络等技术，生成具有创新性和艺术性的虚拟文化作品。例如，AI可以生成虚拟音乐、虚拟绘画、虚拟文学等作品，为用户提供全新的文化体验和艺术享受，推动虚拟文化的创新发展。

第三章

探索元宇宙在产业应用中的无限可能

元宇宙作为数字化时代的新兴概念，正在迅速引发人们对未来的想象和探索。它不仅是一种虚拟的数字世界，更是人类创造力和科技进步的集大成者。本章将深入探讨元宇宙在各个产业应用中的潜力与可能性，从数字娱乐到医疗保健，从教育到科学研究，展示元宇宙的无限可能。

3.1   数字娱乐的新星

数字娱乐的新星是指随着科技的不断进步和社会的发展，涌现出的新型数字化娱乐形式，它们以创新的技术和独特的体验吸引着越来越多的用户。这些新星不仅改变了人们的娱乐方式，也给传统娱乐产业带来了新的挑战和机遇。传统娱乐与数字娱乐的对比如表4-2所示。

表4-2 传统娱乐与数字娱乐的对比

	传统娱乐	数字娱乐
云游戏	需要通过购买实体游戏卡或下载游戏软件的方式，在本地设备上进行安装和运行	通过互联网访问服务器上的游戏内容，无须安装游戏软件，降低了对玩家设备的要求
社交媒体	主要是指人们面对面的社交互动，例如聚会、社团活动、电话交流等	用户可以通过社交媒体平台在线分享内容、与朋友交流，无须面对面接触
电影院	在特定时间前往特定的电影院观影	提供了个性化选择、随时随地观影的便利性和灵活性
价值观	注重个性化、自由化、共享和创造	主要以娱乐和消遣为主，体验短暂的乐趣

3.1.1　VR 游戏

VR游戏是一种利用VR技术打造的全新游戏形式，它让玩家穿戴VR设备，如头戴式显示器或VR眼镜，进入一个仿佛真实世界的虚拟环境中进行游戏体验。与传统游戏相比，VR游戏能够提供更加沉浸式的体验，使玩家感觉身临其境，参与其中。

VR游戏作为一种全新的游戏形式，正在以其独特的沉浸式体验、创作表现手段和社交合作方式，为玩家带来全新的游戏体验，推动了游戏产业的不断发展和进步。

3.1.2　虚拟演艺活动

在元宇宙中，虚拟演艺活动也是一种备受欢迎的娱乐形式。通过VR技术，艺人可以在虚拟舞台上进行演出，观众可以通过VR头戴式显示器等设备观看演出，并与其他观众进行互动。这种虚拟演艺活动不仅突破了地域和空间的限制，还为艺人和观众提供了全新的体验。

3.1.3　虚拟艺术展览

在当今数字时代，科技的迅速发展正在深刻地改变着我们的生活方式和文化体验，其中虚拟艺术展览作为一种新兴的文化形式，正逐渐受到人们的关注与追捧。虚拟艺术展览通过数字技术和网络平台，将传统艺术展览带入了全新的领域，为观众提供了全新的艺术体验。

随着VR技术和网络技术的不断进步，虚拟艺术展览将呈现出更加多样化和立体化的发展趋势。

3.1.4　虚拟电影院

在元宇宙中，虚拟电影院为用户提供了一种全新的电影观影体验。通过VR技术，观众可以在虚拟电影院中欣赏各种电影作品，无论是院线大片还是独立制作的艺术电影，都可以在虚拟电影院中找到。

虚拟电影院的出现不仅丰富了电影观影的方式，也为电影制作和发行提供了新的机遇。观众不再受到时间和空间的限制，这种自由度和灵活性吸引了越来越多的观众加入虚拟电影院的行列，推动了虚拟电影院产业的发展。

3.2 虚拟社交和社交媒体的全新交融

随着技术不断发展和人们对数字世界的需求不断增加，虚拟社交和社交媒体逐渐融合，为用户提供了全新的社交体验和交流方式。在元宇宙的构建中，虚拟社交和社交媒体的交融将推动社交互动的进一步扩展，重新定义人与人之间的沟通和连接方式。

3.2.1 虚拟社交的定义和特点

虚拟社交是指通过虚拟世界中的人物形象或代表性符号进行的社交互动。用户可以通过虚拟角色与他人进行交流、建立关系和参与各种社交活动。虚拟社交的特点包括高度自由、跨越时空的限制、丰富的交互体验。

1.高度自由

元宇宙中的虚拟社交不受现实生活中的物理规则的限制，用户可以根据自己的喜好和需求自定义虚拟角色的外貌、服饰和行为，展现更加真实的自我。

2.跨越时空的限制

用户可以随时随地通过互联网接入虚拟社交平台，与世界各地的人进行实时互动。通过虚拟社交，人们可以结识来自不同国家和文化背景的朋友，了解不同的生活方式和思维方式。

3.丰富的交互体验

虚拟社交平台提供了丰富多样的社交场景和活动，包括聊天、游戏、虚拟旅游等，满足用户不同的社交需求。不同的人群根据自己的兴趣爱好在元宇宙中聚集，形成各种各样的群体。

3.2.2　社交媒体在虚拟社交中的角色

社交媒体作为连接人与人之间的桥梁，在虚拟社交中扮演着重要的角色。通过社交媒体平台，用户可以创建个人资料、发布动态、分享照片和视频等，与他人进行社交互动。

1.信息传播和分享

用户可以通过社交媒体平台分享自己的生活、见解和经历，与他人交流和沟通，扩大社交圈子。同时他们也成为重要的新闻和信息来源，用户可以通过关注官方媒体、专业机构或个人账号获取实时的新闻资讯和事件报道。

2.社群建立和管理

社交媒体具有丰富多样的社群功能，用户可以加入自己感兴趣的社群，与志同道合的人进行交流和互动。

3.虚拟活动和线上聚会

在虚拟社交中，人们可以参加各种虚拟活动和线上聚会，如音乐演唱会、展览会、线上派对等。这些活动为用户提供了与他人互动和分享的机会，丰富了社交生活。

3.2.3　虚拟社交与社交媒体的融合

虚拟社交和社交媒体的融合将进一步拓展社交互动的维度，提升用户体验和参与度。在元宇宙中，虚拟社交和社交媒体的融合主要表现在以下几个方面。

1.虚拟社交平台的建立

一些虚拟社交平台将社交媒体的功能和虚拟社交的元素相结合，为用户提供全新的社交体验。用户可以在虚拟社交平台上创建虚拟角色，与他人进行社交互动。

2.社交媒体的虚拟化

社交媒体平台也开始尝试将虚拟元素引入社交互动中，为用户提供更加生动和多样化的社交体验。例如，一些社交媒体平台推出了虚拟礼物、虚拟表情和虚拟场景等功能，丰富了用户的社交互动方式。

3.虚拟社交活动的举办

在元宇宙中，社交媒体平台可以举办各种虚拟社交活动，如虚拟派对、虚拟演唱会和虚拟展览等，吸引用户参与和互动，促进社交关系的建立和加强。

3.2.4　虚拟社交与社交媒体的未来发展

虚拟社交和社交媒体的融合将为用户带来更加丰富和多样化的社交体验，推动社交互动的进一步发展和扩展。在未来，虚拟社交和社交媒体将呈现出以下几点发展趋势。

1.个性化和定制化服务

虚拟社交和社交媒体将更加注重用户体验和个性化需求，提供定制化的服务和功能，满足用户不同的社交需求和偏好。

2.全球化和多元化社交圈子

虚拟社交和社交媒体将打破地域和语言的限制，让用户与世界各地的人进行更加轻松和畅快的社交互动，拓展社交圈子的广度和深度。

3.AI的应用

虚拟社交和社交媒体平台可能会采用AI来提升用户体验。通过AI算法，平台可以更好地理解用户的偏好和行为，为用户推荐感兴趣的内容和社交圈子，提供个性化的服务和建议。

3.3 塑造虚拟商业和数字经济的未来格局

虚拟商业和数字经济正成为当今世界的重要趋势之一。在元宇宙的概念中，虚拟商业和数字经济将扮演着关键角色，重新定义了商业模式、市场格局以及经济运作方式。本节将探讨虚拟商业和数字经济对未来格局的塑造，以及其带来的机遇和挑战。

3.3.1 虚拟商业的定义和特点

虚拟商业的本质是利用虚拟环境进行数字化的商业活动，通过虚拟交易、数字化服务、虚拟社交和数字化资产等方式创造和实现商业价值。虚拟商业不仅是数字化时代商业模式的一种重要表现形式，也是商业活动向数字化、网络化发展的必然趋势。虚拟商业的本质如图4-5所示。

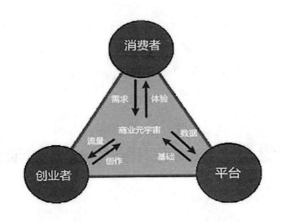

图4-5 虚拟商业的本质

1.数字化交易平台

虚拟商业的最显著特点是在数字化的交易平台上进行商业活动。这些平台可以是电子商务网站、虚拟现实世界、元宇宙等，通过这些平台，用户可以进行商品购买、服务交付、资产交易等各种商业活动。

2.虚拟资产

虚拟资产具有重要地位，包括虚拟商品、虚拟货币、虚拟地产等，用户可以通过虚拟资产进行交易和投资。

3.全球化市场

虚拟商业打破了地域限制，用户可以在全球范围内进行交易和合作，实现了跨国、跨地域的商业活动。

4.个性化服务

通过数据分析和人工智能技术，虚拟商业可以更好地了解用户需求，提供个性化的产品和服务，满足用户的特定需求，提升用户体验和忠诚度。

3.3.2　数字经济的定义和特点

数字经济是指以数字技术为基础，通过信息化、网络化和智能化等手段推动经济发展和经济形态转型。数字经济具有以下几个显著特点。

1.创新驱动

数字经济以科技创新为核心驱动力，推动新技术、新模式和新业态涌现，促进经济结构优化和升级。

2.数据驱动

数字经济以数据为核心资源，通过数据采集、存储、分析和应用，实现智能化决策、个性化服务和精准营销。

3.开放共享

开放性和共享性是数字经济的两大特征，倡导各方共建、共享数字生态系统，推动资源、信息和技术开放共享，促进经济合作和创新发展。

3.3.3　虚拟商业和数字经济的融合

虚拟商业和数字经济之间存在着密切的联系和相互影响，在元宇宙中，二者将更加紧密地融合在一起，共同推动经济发展和转型。具体体现在以下几个方面。

1.虚拟商业赋能数字经济

虚拟商业通过数字化运营和虚拟资产交易，为数字经济发展提供了新的动力和机遇。虚拟商业平台可以促进信息共享和交流，推动数据开放和利用，为数字经济创新和发展创造良好的环境。

2.数字经济支撑虚拟商业

数字经济提供了技术和基础设施支持，为虚拟商业的运营和发展提供了保障。数字支付、云计算、大数据分析等技术手段的应用，为虚拟商业的用户体验和服务水平提升提供了有力支持。

3.新业态、新模式涌现

虚拟商业和数字经济融合催生了一批新的业态和模式，如虚拟货币、数字化商品、智能合约等，推动了商业模式和市场格局创新和变革。

3.3.4　虚拟商业和数字经济的未来展望

虚拟商业和数字经济的融合将为未来经济发展带来新的机遇和挑战，塑造出全新的商业格局和经济生态。

1.智能化商业运营

随着人工智能和大数据技术不断发展，虚拟商业和数字经济将实现更高程度的智能化运营。智能算法将能够更准确地预测市场趋势、用户需求，并实现个性化推荐和定制化服务，提升商业运营的效率和精准度。

2.VR技术的应用

随着VR技术不断进步，虚拟商业和数字经济将更多地借助于VR环境来进行商业活动。消费者可以通过VR设备体验商品、服务，企业可以在虚拟环境中进行产品设计、市场推广和团队协作，以提升用户的参与度和体验感。

3.数字货币和区块链普及

随着数字货币和区块链技术的普及和成熟，虚拟商业和数字经济将更多地采用加密货币进行交易和结算。区块链技术的应用将提高交易的安全性和透明性，降低交易成本，促进全球范围内的商业合作和贸易往来。

3.4   教育与培训中的数字革新

　　教育与培训领域一直是社会发展的关键领域之一。随着数字技术不断进步和普及，数字革新已经深刻影响到教育和培训的方式、内容和效果。本节将探讨数字革新在教育与培训中的应用，以及未来的发展趋势和挑战。传统教育和数字教育的对比如表4-3所示。

表4-3 传统教育和数字教育的对比

	传统教育	数字教育
灵活性	依赖于面对面的课堂教学，教师直接向学生传授知识	打破了时间和空间的限制，学生可以根据自己的时间安排和学习节奏自主学习，无须受到固定的课堂时间和地点的约束
个性化学习	主要使用纸质教材、教室设施和实体图书馆等，学生需要通过实体书籍和课堂教学获取知识	提供个性化的学习路径和资源推荐，根据学生的学习进度、兴趣和能力水平定制学习内容，使学生能够获得更加个性化的学习体验
即时反馈	互动性较低，通常是教师主导的单向传授，学生在课堂上提问和回答问题的互动比较有限	即时的学习反馈机制，包括在线测验、作业批改等，帮助学生及时了解自己的学习情况，及时调整学习策略

3.4.1　数字技术在教育中的应用

数字技术的广泛应用正在改变传统教育的模式和方法，为学生提供更丰富、个性化的学习体验。

1.智能化学习系统

借助AI和大数据技术，智能化学习系统可以根据学生的学习习惯和能力，提供个性化的学习内容和建议，帮助学生更高效地学习。

2.VR教学

通过VR技术，学生可以身临其境地体验各种教学场景，如实验室实验、历史场景重现等，以提升学习的趣味性和效果。

3.在线互动教学

视频会议、在线讨论区等在线互动教学工具使教师和学生可以实时交流和互动，促进了学生之间和师生之间的合作与学习。

3.4.2　数字技术在培训中的应用

数字技术的应用也正在深刻改变企业培训的方式和效果，提高了培训的效率和质量。

1.远程培训平台

企业可以利用远程培训平台为员工提供各种培训课程和学习资源，员工无须离开工作岗位即可进行学习，节省了时间和成本。

2.VR培训

通过VR技术，员工可以在虚拟环境中进行各种培训实践，如危险操作、紧急情况处理等，提高了培训的实战性和效果。

3.数据驱动培训

借助大数据分析技术，企业可以对员工的学习情况进行实时监测和分析，及时调整培训计划和方法，提高了培训的针对性和效果。

3.5 元宇宙对医疗保健与治疗的融合创新之路

元宇宙作为虚拟世界的进化版，正在成为人们日常生活的一部分，并在医疗保健领域展现出巨大的潜力。通过VR、AR和AI等技术，元宇宙为医疗保健提供了新的解决方案，可以促进医疗资源共享、改善患者的治疗体验，并推动医疗科学和技术的创新发展。

3.5.1 元宇宙在医疗保健领域的应用案例

1.虚拟医疗诊所

元宇宙平台搭建了虚拟医疗诊所，患者可以在虚拟环境中进行医疗咨询和诊断，医生可以通过VR技术与患者进行沟通和诊疗。

2. 医学教育与培训

医学生和医疗工作者可以在元宇宙平台构建虚拟医学实验室，在手术模拟环境中进行实践性学习和培训，以提高其技能水平和应对各种医疗场景的能力。

3.医疗资源共享与远程医疗

患者可以在家中通过虚拟环境进行医疗咨询、远程监测和远程诊疗，以缓解医疗资源不足和就医难题。

3.5.2 元宇宙在医疗治疗领域的创新实践

1.虚拟手术模拟

医生可以在元宇宙平台提供的虚拟手术模拟环境中进行手术模拟和实践训练，以提高手术技能和操作水平、减少手术风险、降低并发症发生率。

2.VR治疗

通过元宇宙平台提供的VR治疗服务，患者可以在虚拟环境中进行对痛苦、恐惧和焦虑的心理疏导和情绪释放，以缓解疼痛和不适感、提升治疗效果和生活质量。

3.智能医疗设备与智慧医疗

利用元宇宙平台连接智能医疗设备和传感器，实现对患者的实时监测和远程管理，为医生提供数据支持和智能决策，以提高治疗的准确性和效率。

3.5.3 发展趋势与挑战

在医学领域中，元宇宙发展呈现出巨大的潜力，但也面临挑战。随着VR技术进步，元宇宙可提供远程医疗服务、患者康复支持及科研创新等方面的解决方案。然而，技术限制、隐私安全以及社会接受度等问题仍待解决。未来医疗领域的趋势与挑战如图4-6所示。

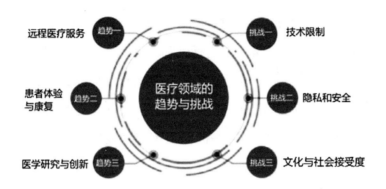

图4-6　未来医学领域的趋势与挑战

1.发展趋势

（1）远程医疗服务。元宇宙为医疗保健提供了远程医疗服务的新平台。通过VR技术，医生和患者可以在虚拟环境中进行会诊和治疗，无须双方亲临医院。

（2）患者体验与康复。元宇宙为患者提供了更加丰富和个性化的康复体验。患者可以参与各种虚拟康复的游戏和活动，从而增强他们康复的信心和动力。此外，元宇宙还可以提供社交支持功能，让患者能够与其他患者、医疗专家直接进行交流和互动，以减轻他们的心理压力和孤独感。

（3）医学研究与创新。元宇宙为医学研究提供了全新的实验平台。研究人员可以利用VR技术进行分子模拟、疾病建模等实验操作，以加速新药开发和疾病治疗的创新过程。

2.面对的挑战

（1）技术限制。虽然元宇宙技术不断发展，但目前仍存在着技术限制。例如，VR设备的成本高昂、设备的舒适性和分辨率等方面还有待改进。

（2）隐私和安全问题。在元宇宙中进行医疗服务和数据交流涉及大量的个人健康信息，因此隐私和安全问题成为一个巨大的挑战。如何保护患者的隐私数据不被泄露或滥用，是医疗元宇宙发展过程中亟须解决的重要问题。

（3）文化与社会接受度。元宇宙技术在年轻一代中具有较高的接受度，但在一些老年人中和保守地区可能存在着对VR技术的抵触情绪。

第四章

未来的元宇宙的
多彩应用场景

随着科技不断更新换代，元宇宙的概念已经渐渐落地，这种虚拟空间中包括各种应用场景，有着巨大的发展潜力。那么，未来的元宇宙的多彩应用场景有哪些呢？本章将尝试从多个角度介绍。

4.1　跨行业协作和工作

跨行业协作和工作是未来元宇宙的一个重要应用场景，它将彻底改变人们的工作方式和模式。随着技术发展和全球化加深，跨行业协作已经成为当今商业世界中的一种常态。而元宇宙的出现将进一步推动跨行业协作的发展，并为各行各业的专业人士提供一个全新的工作平台和合作模式。

4.1.1　元宇宙在跨行业协作中的应用

元宇宙在跨行业协作中的应用有跨地域团队协作、跨行业专家协作等。

1.跨地域团队协作

无论团队成员身处何处，他们都可以通过元宇宙平台进行实时沟通和协作。团队成员可以在虚拟空间中共同讨论和开发项目，共同解决问题、制订计划，并实时查看和编辑共享的文档和资料。这种跨地域的团队协作模式大大提高了团队的工作效率和协作效果。

2.跨行业专家协作

在元宇宙中，不同行业的专业人士可以通过虚拟空间进行跨行业的专家协作。通过实时的虚拟协作和互动，他们可以共同探讨和解决方案中的各种问题和挑战，实现跨行业的知识共享和协同创新，推动项目进展和成果达成。

4.1.2 元宇宙带来的优势和挑战

1.优势

元宇宙被认为是人类社会进入数字化时代的下一个阶段，将为我们带来巨大的机遇和挑战。元宇宙带来的优势有全球化协作、沉浸式体验、跨行业合作等。

（1）全球化协作。由于自然灾害、地域距离等各种不可控因素，人们无法进行实时协作。而元宇宙打破了地域和时区的限制，实现了全球范围内的实时交流。这种全球性的社交网络将促进知识共享、文化交流和跨国合作，为全球化带来新的可能性。

（2）沉浸式体验。元宇宙提供了一种身临其境的沉浸式体验，让用户感觉自己仿佛置身于一个真实的世界之中。

（3）跨行业合作。不同行业的专业人士可以在一个跨行业合作的平台上进行交流与合作，促进了知识共享和协同创新。

2.挑战

元宇宙带来的挑战有技术标准与互操作性、安全和隐私、用户接受度等。

（1）技术标准与互操作性。不同的平台之间存在着不同的技术架构和数据格式，这些不同的技术标准导致用户之间的互操作性较差。解决这一挑战需要制定统一的技术标准和数据格式，以促进不同平台之间的互联互通。

（2）安全和隐私。虽然元宇宙为用户提供了沉浸式的虚拟体验，但是用户的个人信息和隐私可能面临泄露和滥用的风险。解决这一挑战需要建立严格的隐私保护和安全机制，保护用户的个人信息和数字资产安全。

（3）用户接受度。对于这种全新的工作和协作模式，用户可能需要一定的时间来适应和接受这种新的方式。

4.2　元宇宙与物联网的整合

在当今数字化和智能化的时代，元宇宙与物联网的整合被视为未来科技发展的一个重要趋势。元宇宙作为一种虚拟的数字世界，通过VR技术模拟出一个与现实世界相似的虚拟环境；而物联网则是将现实世界的物体和设备通过互联网连接起来，实现信息的收集、传输和处理。

4.2.1　元宇宙与物联网整合的意义

元宇宙和物联网是当今数字化时代两个备受关注的领域，它们分别代表了虚拟世界和现实世界的数字化进程，具有各自独特的特点和应用场景。它们的整合将产生深远的意义，为人类社会带来前所未有的数字化体验和智能化生活。元宇宙与物联网整合的意义体现在以下几个方面：

1. 提升用户体验

将元宇宙与物联网整合在一起，可以为用户提供更加智能化、沉浸式的体验。例如，通过物联网技术收集用户的生理数据和环境信息，然后在元宇宙中实时呈现出来，让用户可以直观地了解自己的健康状况和周围环境，提升用户的生活品质和体验感。

2.促进数字经济发展

两者的整合将为数字经济发展提供新的动力。通过将现实世界的物体、设备与虚拟世界进行连接和互动，可以创造出更多的商业机会和价值链。

4.2.2 元宇宙与物联网整合的应用场景

元宇宙和物联网作为两个领先的数字技术，它们的整合将创造出许多令人惊叹的应用场景，涵盖了各个领域。

1.智能家居

智能家居设备和传感器连接元宇宙平台，可以实现对智能家居的远程控制和监控。用户可以通过元宇宙平台实时查看家中的温度、湿度、空气质量等信息，并进行远程控制，实现智能家居的智能化管理和控制。

2. 智慧医疗

医护人员可以通过元宇宙平台远程监控患者的生理参数和健康状况，及时发现异常情况并采取措施。同时，患者也可以通过元宇宙平台获取医疗健康信息、预约挂号、咨询医生等服务，提升医疗保健的便捷性和效率。

3.智能交通

每到节假日，交通拥堵将成为众人的烦恼，将交通设施和交通管理系统与元宇宙平台相连接，城市交通管理部门可以通过元宇宙平台实时监控道路交通情况、交通拥堵和交通事故，及时调整交通信号灯和交通路线，优化交通流量，提升城市交通运行效率。

4.智慧零售

通过物联网，每一件商品都被贴上标签上传到元宇宙平台，这样可以实现智慧零售的数字化服务。顾客可以通过元宇宙平台进行虚拟购物、在线支付、智能推荐等服务，不仅提升了购物体验，还增加了便捷性。

5.智能工业

工厂管理人员可以通过元宇宙平台实时监控生产线的运行状态、设备运行情况和生产数据，及时发现问题并进行调整，以提升生产效率和产品质量。

4.2.3 元宇宙与物联网整合的挑战与展望

元宇宙与物联网整合将产生大量的个人和商业数据，数据安全和隐私保护成为重要挑战。需要建立健全的数据安全管理机制，加强数据加密和权限控制，保护用户的个人隐私和商业机密。

不同平台之间涉及多个技术领域和标准，技术标准和互操作性成为制约因素。需要加强技术标准的制定和推广，促进不同平台和设备的互联互通，实现元宇宙和物联网的无缝整合。

另外，需要提升用户体验和普及推广，开发对用户友好的应用程序和设备，提升用户体验和便捷性，同时加强宣传推广，提升用户对元宇宙和物联网整合的认知度和接受度。

4.3 虚拟旅游与文化体验

虚拟旅游与文化体验是元宇宙技术在旅游业和文化领域的一项重要应用，它为人们提供了沉浸式、便捷的旅游和文化体验方式。通过元宇宙平台，用户可以在不离开家门的情况下，仿佛亲临景点、参观博物馆、欣赏演出，深度体验世界各地的文化和历史。

4.3.1 特点与优势

虚拟旅游与文化体验的特点和优势主要体现在以下几个方面。

1.沉浸式体验

通过VR和AR技术，用户可以在元宇宙平台上获得高度沉浸式的体验，仿佛身临其境般地感受到景点、博物馆和文化活动的魅力。

2.便捷性和灵活性

相比传统旅游与文化体验方式，虚拟旅游与文化体验更加便捷和灵活。用户无须耗费时间和金钱去旅行，只需通过电脑或智能设备就能随时随地进行虚拟旅游和文化探索。

3.教育和娱乐相结合

虚拟旅游与文化体验不仅是一种娱乐方式，更是一种教育和学习的工具。用户可以通过虚拟体验了解世界各地的文化和历史，拓宽视野、增长知识。

传统旅游与虚拟旅游的特性对比如表4-4所示。

表4-4 传统旅游与虚拟旅游的特性对比

	传统旅游	虚拟旅游
时间和空间限制	需要人们在特定的时间和空间移动到目的地	让人们足不出户就能体验到远方的文化景观
便捷性	行程规划烦琐，交通不便，特殊时期（如疫情）会受限制	通过互联网随时随地体验各种文化景观，提供多样化的体验
实时性和长期性	可以亲身体验，给人带来直接的感官和情感体验，与当地居民进行互动	旅游内容可以实时更新，而且可以长期保存和传承，使人们可以随时随地重温以往的文化体验
互动性	更注重人们与目的地情景的互动	更注重数字技术提供的互动体验，例如在VR环境中的交互和探索

4.3.2 应用场景

虚拟旅游与文化体验的应用场景广泛，涵盖了旅游业、文化活动等多个领域。

1.旅游业

传统旅游行业只能通过视频宣传风景特点，而虚拟旅游可以通过元宇宙平台提供虚拟旅游服务，以吸引更多游客，提升旅游体验。

2.文化活动

音乐会、戏剧演出、展览会等文化活动可以进行虚拟直播和体验，不用考虑场地、时间，全球观众可以随时在线参与。

4.3.3 发展趋势

虚拟旅游与文化体验作为一种新兴的旅游和文化体验方式，具有巨大的发展潜力和市场前景。

1.技术创新

随着VR和AR技术不断创新和发展，虚拟旅游与文化体验将呈现出更加真实的、沉浸式的体验效果，会吸引更多的用户。

2.内容丰富化

随着内容生产技术发展和平台成熟，虚拟旅游与文化体验将提供更加丰富多样的内容，涵盖全球各地的景点、博物馆、艺术展和文化活动。

3.行业融合

虚拟旅游与文化体验将与旅游业、文化产业、科技产业等行业进行深度融合，形成新的产业链和商业模式，推动行业发展和创新。

4.3.4 未来展望

虚拟旅游与文化体验将成为未来旅游业和文化领域的重要发展方向，为人们提供更加便捷、丰富的旅游和文化体验方式。

1.全球化

随着虚拟旅游与文化体验的普及，人们可以在不同地域、不同文化背景下进行虚拟体验，以促进全球文化交流和理解。

2.社交化

虚拟旅游与文化体验将与社交网络和社区平台相结合，用户可以在虚拟空间中与朋友、家人共享旅游和文化体验，增加社交互动和沟通。

3.教育化

虚拟旅游与文化体验将成为教育和学习的重要工具，学生可以通过虚拟体验了解历史文化、地理知识等，以拓宽视野、增长知识。

4.4　元宇宙在科学研究中的应用

科学研究一直是推动人类社会进步和发展的重要力量，而元宇宙作为数字化世界的延伸，也为科学研究提供了全新的可能性和机遇。在元宇宙中，科学家们可以利用虚拟环境、数字模拟等技术手段进行研究，探索各种现象、模拟实验，并与全球范围内的研究人员共同合作，共享资源和数据，从而推动科学研究的发展。

4.4.1　虚拟实验与模拟

在元宇宙中，科学家们可以利用虚拟实验室和数字模拟技术进行各种实验和模拟。通过构建虚拟环境和数字模型，科学家们可以模拟各种自然现象、物理过程和化学反应，探索其规律和特性。

4.4.2　数据可视化与分析

元宇宙提供了强大的数据可视化和分析工具，帮助科学家们对复杂数据进行可视化和分析。在元宇宙中，科学家们可以利用VR和AR技术将海量数据转化为直观的三维图像和动态模型，从而更直观地理解数据之间的关系和规律。

4.4.3　虚拟会议与学术交流

元宇宙还为学术交流和学术会议提供了全新的形式和体验。在元宇宙中，科学家们可以利用虚拟会议与学术交流平台进行在线会议和学术讲座，与全球范围内的研究人员进行实时交流和互动。这种虚拟会议与学术交流模式不仅节省了时间和成本，还提高了交流效率、增加了体验，也促进了学术交流和合作。

4.4.4　元宇宙研究与应用领域

元宇宙作为一个全新的研究领域，涉及多个学科和领域，如计算机科学、人机交互、VR、AR等。科学家们可以利用元宇宙技术研究各种复杂系统和现象，如人类行为、社会网络、生态系统等，以探索其规律和机制。